U0166858

计算机视觉技术的
发展与创新研究

陈建军　著

哈尔滨出版社
HARBIN PUBLISHING HOUSE

图书在版编目（CIP）数据

计算机视觉技术的发展与创新研究 / 陈建军著. 一
哈尔滨：哈尔滨出版社，2022.12
ISBN 978-7-5484-6653-6

Ⅰ. ①计… Ⅱ. ①陈… Ⅲ. ①计算机视觉—研究
Ⅳ. ①TP302.7

中国版本图书馆 CIP 数据核字（2022）第 151998 号

书　　名：计算机视觉技术的发展与创新研究
JISUANJI SHIJUE JISHU DE FAZHAN YU CHUANGXIN YANJIU

作　　者：陈建军　著
责任编辑：韩伟锋
封面设计：张　华
出版发行：哈尔滨出版社（Harbin Publishing House）
社　　址：哈尔滨市香坊区泰山路 82-9 号　邮编：150090
经　　销：全国新华书店
印　　刷：廊坊市广阳区九洲印刷厂
网　　址：www.hrbcbs.com
E - mail：hrbcbs@yeah.net
编辑版权热线：（0451）87900271　87900272
开　　本：787mm×1092mm　1/16　印张：9.25　字数：200 千字
版　　次：2023 年 1 月第 1 版
印　　次：2023 年 1 月第 1 次印刷
书　　号：ISBN 978-7-5484-6653-6
定　　价：68.00 元

前　言

　　计算机视觉技术是一项综合了识别技术、场景重建技术、图像恢复技术以及运动技术等多项先进技术种类的现代化信息技术。识别可以对特定内容进行图像提取、对图像中的文字信息进行识别鉴定，最终转化为方便编辑的文档。场景重建则可以实现计算机模型或是三维模型的建立。图像恢复则能够有效地移除图像内的噪声。计算机技术正被越来越多地应用到运动训练领域中，有利于运动员建立清晰的动作表象。

　　计算机视觉技术是一种涉及多个方面的全新技术，如人工智能技术、心理物理学技术、计算机科学技术以及神经生物学技术等，是多个学科交叉之后所形成的边缘学科。计算机视觉技术主要包括对图像内容进行处理、理解图像内容、对不同模式进行识别的功能。图像处理所指的是把输入系统的图像进行转化，例如，滤波或者退化增强等。图像理解指的是根据给出的图像，对图像的本身以及代表的景物进行描述。模式识别指的是利用图像所展现出的统计特点、结构数据等，对图像的类别进行划分。

　　互联网时代将计算机的功能逐渐推向了超越任何工具的顶峰，计算机几乎在所有领域都具有不可替代的作用和价值。一方面是社会谋求经济快速发展发展的需要；另一方面也是计算机和互联网等技术发展成果的刺激。目前研究者正极力解决机器与人之间除文字外更多的交流屏障问题，即从人主动适应计算机的规则转变为计算机来适应人的情况。计算机视觉技术即解决这其中问题之一，并已经取得成果且应用在各个领域。

目　录

第一章　计算机视觉技术的理论研究 1

    第一节　计算机视觉研究概述 1

    第二节　计算机视觉原理分析 3

    第三节　数字媒体与计算机视觉艺术 7

    第四节　基于神经网络的计算机视觉 11

    第五节　计算机视觉的深度估计方法 13

    第六节　计算机视觉中的图匹配方法 16

第二章　计算机视觉技术的发展 20

    第一节　机器视觉技术研究进展 20

    第二节　计算机视觉技术的应用进展 35

    第三节　计算机数字视觉技术结构及其发展 37

    第四节　计算机视觉与模式识别研究进展 39

    第五节　计算机发展模式下的视觉传达设计 55

    第六节　人工智能与计算机视觉产业发展 58

第三章　计算机视觉的基本技术 63

    第一节　计算机视觉下的实时手势识别技术 63

    第二节　基于计算机视觉的三维重建技术 66

    第三节　基于监控视频的计算机视觉技术 70

    第四节　计算机视觉算法的图像处理技术 72

    第五节　计算机视觉图像精密测量下的关键技术 76

    第六节　计算机视觉技术的手势识别步骤与方法 78

    第七节　计算机视觉下的汽车安全辅助驾驶技术 81

第四章　计算机视觉技术的创新研究······85

第一节　计算机视觉与农作物长势监控······85

第二节　计算机视觉与智能传播领域······87

第三节　计算机视觉与人脸识别领域······92

第四节　计算机视觉与水产养殖过程······96

第五节　计算机视觉算法的图像处理······98

第五章　新媒体时代视觉传达研究······102

第一节　新媒体时代的视觉传达艺术设计······102

第二节　新媒体时代下视觉传达设计发展思路······104

第三节　视觉传达设计在新媒体时代下的多维创新······107

第四节　网络媒体的视觉艺术传达设计······109

第五节　数字媒体技术支持的视觉传达设计教学创新······112

第六节　新媒体语境下网络新闻媒体的视觉传达······115

第七节　新媒体时代视觉传达专业标志设计课程的创新与发展······120

第六章　计算机视觉技术的实践应用研究······123

第一节　计算机视觉技术在图书馆工作中的应用······123

第二节　计算机视觉技术在工业领域中的应用······126

第三节　计算机视觉技术在纤维检验中的应用······129

第四节　计算机视觉技术在自动化中的应用······131

第五节　计算机视觉技术在食品品质检测中的应用······135

参考文献······141

第一章　计算机视觉技术的理论研究

第一节　计算机视觉研究概述

随着信息时代的发展，未来的信息社会将会有至少90%的流量源自图像和视频数据，让机器"看懂"这些视觉数据，掌握解决具体的计算机视觉任务的方法是国内外学术界和工业界最关注的问题。为了帮助读者对计算机视觉有直观的认识，本节对计算机视觉系统进行综述。首先，概述计算机视觉的发展进程；然后，研究解决具体计算机视觉任务的技术并分类分析典型的计算机视觉应用；最后，分析计算机视觉任务面临的挑战。

视觉是人类理解认识外部世界的重要途径。在人类认知的过程中，有超过80%的信息量来自视觉系统，如物体的形状、大小、颜色、空间位置等。但是，由于主观和客观条件限制，很多信息不能由人类视觉系统直接或者准确地获取，人类自然地希望借助外部设备帮助人类处理或者理解信息，这就为人类科学技术发展带来一个崭新的研究课题——计算机视觉。计算机视觉是研究如何让机器"看"的科学，其可以模拟、扩展或者延伸人类智能，从而帮助人类解决大规模复杂的问题。计算机视觉任务应用相当广泛，如人类识别、车辆或行人检测、目标跟踪、图像生成等，其在科学、工业、农业、医疗、交通、军事等领域都有着非常广泛的应用前景。

随着并行计算、云计算、机器学习等软硬件技术的进一步发展，计算机的图像处理能力不断提高，计算机视觉近几年获得了快速的发展，各项应用在各个领域落地生根，学术界和工业界的研究也如火如荼。本节从计算机视觉发展、研究技术、面临的挑战等方面对计算机视觉进行研究，为计算机视觉研究奠定基础。

一、计算机视觉概述

计算机视觉是从图像或者视频中提出符号或者数值信息，分析计算该信息以进行目标的识别、检测和跟踪等。更形象地说，计算机视觉就是让计算机像人类一样能看到图像，并看懂理解图像。

计算机视觉开始于20世纪50年代，主要用于分析和识别二维图像，如光学字符识别、显微图片的分析解释等。到60年代，通过计算机程序可以将二维图像转换成三维结构进行分析,从此开启三维场景下计算机视觉研究。到 70 年代,麻省理工学院的人工智能实验室首次开设计算机视觉课程,由著名的 Horn 教授主讲,同实验室的 Marr 教授首次提出表示形式(representation)是视觉研究最重要的问题。到八九十年代,计算机视觉迅速发展,形成感知特征的新理论框架并逐渐应用到工业环境中。到 21 世纪,计算机视觉领域呈现许多新的趋势,计算机视觉与计算机图形学深度结合,基于计算机视觉的应用也呈爆炸式增长,除了在手机、电脑上的应用,计算机视觉技术在交通、安防、医疗、机器人上也有各种各样形态的应用。

二、计算机视觉任务常用技术

计算机视觉是让计算机获取图像到看懂图像的过程。图像处理能力赋予了计算机看即获取的能力,是人工智能的重要输入。这里主要介绍数字图像处理技术,即将图像信号转化成数字信号再用计算机进行处理的技术。图像处理的目的,是将输入的低质量的图像转化成高质量的图像输出,常用的方法有图像压缩编码、图像变换、图像描述、图像增强和复原。图像压缩编码是减少描述图像的比特数,以节省传输和存储消耗。图像变换旨在减少计算量,如将空间域的图像阵列变换成频域空间去处理。图像描述是图像理解的前提,其作用是挖掘一般或主要信息去描述图像。图像增强和复原主要用于提高图像质量,如去除噪声、强化高频信息等。以上图像处理技术主要依赖一些数学变换。

模式识别、机器学习、深度学习等算法赋予计算机看懂的能力,是人工智能的核心,更形象地说就是让计算机像人的大脑一样去理解图像。模式识别、机器学习、深度学习是让机器感知或学习的工具或方法,本节不对它们进行区别,主要帮助读者理解这些方法是如何帮助计算机理解图像或者视频的。让计算机看懂的过程,就是根据图像或者视频数据建模的过程,建模就是用数学符号或者公式推理数据之中的一般模式或者规律,从而可以对新输入的数据进行分类或者回归,分类就是输出数据的类别,回归类似于数学中的映射函数。

三、计算机视觉任务的应用

随着信息技术的发展,计算机视觉应用在人们的日常生活中、学术界和工业界已屡见不鲜,计算机视觉应用呈爆炸式增长,本节重点介绍计算机视觉任务的三大应用,分别是图像识别、目标检测和图像分割。

图像识别又称为图像分类,就是输入一张图片,输出该图像的类别,让计算机识别人、交通信号灯、动物等这些信息,这是广义上的图像识别。在工业界和学术界还有针对特定目标的识别,比如车牌识别,在高速公路的 ETC,不需要人工收费,摄像头会识别你的车牌并收取相应的费用。另外,人脸识别在日常生活中也得到了广泛的应用,如支付宝的人脸支付等。

　　计算机视觉任务中另一个常见的应用是目标检测，其目的是输出给定图像中特定目标的位置、类别等。由此可见，目标检测是对目标识别的进一步发展，计算机不仅要输出图像中目标的位置，还要给出目标的类别。目标检测一个常见的应用是行人检测，比如，在一个交通路口，快速地检测出摄像头中拍到的所有行人，可以估计人流量，从而对异常事件进行预警。

　　与计算机视觉任务相关的第三个任务是图像分割，图像分割又可分为图像语义分割和图像个体分割。图像语义分割是将图像分割成一个个独立的个体，每个个体具有一定的语义意义。图像个体分割是比图像语义分割更进一步的任务，其是图像语义分割和图像检测的结合，不仅要独立出所有的物体，还要输出所有物体的位置。图像分割是计算机解释图像的过程，这类似于人理解图像，就需要找出图像中一个个的物体，找出物体之间的关系等。

　　以上三个计算机视觉任务的难度逐渐增加，并逐渐模拟人类理解图像的过程。另外，计算机视觉任务并不局限于上述三个应用，还有许多有用的应用，如目标跟踪。

四、计算机视觉任务面临的挑战

　　未来计算机视觉任务发展面临的挑战主要来自三个方面：当前，主要依赖人工标注海量的图像视频数据，不仅费时费力而且没有统一的标准，可用的有标注的数据有限，这使机器的学习能力受限；计算机视觉技术的精度有待提高，如在物体检测任务中，当前最好的检测正确率为66%，这样的结果只能应用于对正确率要求不是很高的场景下；提高计算机视觉任务处理的速度迫在眉睫，图像和视频信息需要借助高维度的数据进行表示，这是让机器看懂图像或视频的基础，这就对机器的计算能力和算法的效率提出了很高的要求。

　　计算机视觉是人工智能的核心，在学术界和工业界有着广泛的应用。让计算机看得懂、看得远是未来视觉的重中之重，计算机视觉研究则任重而道远。

第二节　计算机视觉原理分析

　　计算机视觉是新兴并且迅速发展的一门学科。计算机视觉是所有从二维图片中获得情景信息的计算机处理方法总称。由于在工业以及军事实践中，提出很多新课题，特别是在研制智能机器人、高尖端的武器方面，计算机视觉逐渐受到了人们的关注。从20世纪70年代起，科技人员在研究基本理论的同时，还注重研制实用系统。如今计算机视觉理论已广泛地应用于神经生物学、人工智能、生物医学、航空航天、模式识别与图像处理等多个领域。与此同时，它也是一门由多种学科相互交叉形成的边缘学科，其研究成果已应用到科学研究、国民经济以及军事部门等各个领域。

一、计算机视觉概述及其基本结构

人类可以通过自身的双眼感知系统，轻松获得周边的三维场景。比如，我们欣赏一盆花时，可以通过叶子的颜色变化，准确预测出这朵花的生长情况；观赏一幅肖像画时，也可以轻松识别出其中的人物，甚至可以从图画呈现出来的面部表情估计出其情感活动变换等。因为人类视觉系统具有独特功能，可以感知现实三维情景，这促使研究者试图通过传感器和计算机的软硬件去模拟人类视觉系统，再现真实三维场景，比如，对三维环境图像的采集、分析、处理和学习能力，并将该能力植入到计算机中，以便让计算机和机器人系统具有智能化的视觉功能。

（一）图像数据处理层

在图像数据处理层中，对要处理的对象即一些像素级的数字信号进行处理与操作，如图像获取、传输、压缩、降噪、转换、存贮、增强和复原等。该层作用是将原始图像转变成具有所需的某些特性的图像，比如较好的信噪比。它只是图对图的变更，没有一些明显的构造描述。但它又是边界检测的基础。这门技术较成熟、历史长，经常使用的方法有数字滤波以及快速傅里叶变换等。

增强图像的目标是要改善图像的视觉效果，将需要图像的整体或感兴趣的局部特性强化出来，将不清晰的图像变得清晰，扩大不同物体特征之间的差别，同时抑制不需要的特征，从而使图像质量得到有效改善，信息量得到丰富，图像判读与识别效果得到进一步加强，以满足特殊分析的需要。

平滑图像的目的是使图像的宽大区域、主干部分、低频成分或干扰高频成分和抑制图像噪声被突出，这样图像的亮度趋于平缓并渐变，从而减小突变梯度程度，该处理方法能进一步改善图像的质量。

图像数据编码和传输图像编码是以较少的数据量有损或无损地表示原来像素矩阵的技术。数字图像的数据量巨大，如像素级的数字图像，其每个像素为 256 k 字节，如果直接进行传输，非常耗时。因此，要对数字图像数据进行变换、编码和压缩，以便于图像的存储以及传输。

（二）图像特征描述层

边缘锐化的目的是使图像的轮廓线、边缘以及图像的细节变得清晰，而经过平滑处理的图像变得模糊的根本原因是图像受到了平均或积分运算，因此可以对其进行逆运算，就可以让图像变得更加清晰。它是早期视觉理论及算法中的基本问题之一，同时也是中后期视觉算法成败的重要因素之一。

图像分割是将图像分成若干个、特定的、具有独特性质的区域，依据灰度值、空间特性、颜色、纹理特性和频谱特性等提取出感兴趣目标的技术和过程。现有的图像分割方法被划分为基于区域的分割方法、基于阈值的分割方法、基于特定理论的分割方法和基于边缘的分割方法等。1998 年以来，国内外学者不断地改进原有分割方法，结合其他学科的一些新理论和新方法，提出了很多新的分割方法。已被标示或提取的目标图像区域可被用于医学图片病症确认、图像搜索、图像语义识别等领域。

（三）图像知识获取层

图像识别是指利用计算机对图像进行处理、分析和理解，以识别各种不同模式的目标和对象的技术，这也是计算机视觉系统必须完成的任务之一。图像识别主要包括图像匹配和机器学习。

国内外有大量研究者对图像匹配工作展开研究，并且取得了较好的成果。图像匹配的研究大致集中在三个方面（即三要素）：特征空间；相似性度量；搜索策略。

1996 年，Langley 给出了机器学习的定义，即机器学习是一门人工智能的科学，该领域的主要研究对象是人工智能，特别是如何在经验学习中改善具体算法的性能。机器学习是人工智能的核心技术之一，也是实现计算机具备智能方法的根本途径，在人工智能的各个领域中得到了普遍的应用。

二、计算机视觉的应用

（一）计算机视觉的人脸检测与识别

1.发展和研究现状

19 世纪末法国人 Franis Galton 就开始研究关于人脸识别课题，直到 20 世纪 90 年代，人脸检测与识别才开始作为一个独立的学科发展起来。如今东方人脸的图像数据库也已在我国建成，这也是世界上较全面、大规模的数据库。

人脸识别的研究发展过程主要分为三个阶段。

第一阶段主要研究人脸识别中所需要的面部特征，主要的识别过程全部依赖于操作人员，是以 Allen 和 Parke 为代表。

第二阶段人机交互式的识别阶段，用多维特征矢量来表示人脸面部的特征，是以 Harmon 和 Lesk 为代表。然而，以 Kaya 和 Kobavashi 为代表的统计识别，将欧氏用于表示人脸的特征。

第三阶段机器自动识别的阶段，人脸识别技术逐渐进入实用化的阶段，例如，Eyematic 公司研发的人脸识别系统，清华大学的国家"十五"攻关项目"人脸识别系统"也通过了由公安部主持的专家鉴定。

2.人脸检测与识别算法

人脸检测与识别系统是通过计算机的"眼睛"（如摄像机、数码相机等）观察"影像"（人脸），从影像中提取有效特征来鉴别身份信息的能力。人脸检测与识别可分为人脸检测、特征提取和识别三个部分。首先采集图像，接着检测判断人脸，即对图像逐幅进行检测，如果人脸存在，则对其进行精确定位，同时通过特征提取进行人脸识别进而获得人脸信息，最后鉴别身份、验证结果。

（二）计算机视觉在机器人目标定位中的应用

1.基于视觉的自主导航定位系统

机器人导航技术是智能机器人领域的一项关键技术，同时也是智能机器人的一个重要的研究热点。根据工作环境的不同要求，可以制定移动机器人导航定位系统的不同方法，比如，采用双目立体视觉系统以及三角测量的原理来测量机器人在场景中移动的位置情况。国内外有大量的学者多年专门研究这方面的问题，因此，在视觉导航和机器人定位等方面取得了很大的进步。而且在工业领域应用中，移动机器人导航技术也已得到了广泛的应用。

一方面立体视觉系统的视差功能可实现对目标的三维定位，可以采用简单的固定式的双目立体视觉系统。该系统采用两个固定的摄像机来实现这种视差，简单且易操作。两个固定的相机就像人的两只眼睛。通过这对相机采集图像来恢复三维数据点云，进而确定三维目标位置。这种设备要求具有较高的精度，成本较高；另一方面，目标定位可视区域大小难以把握，并且需要复杂计算量来对两个摄像机进行标定，所以误差较大。而通过将移动末端执行器安置在不同位置来实现视差的手眼式立体视觉系统，只需要一个 CCD 摄像机就可以实现。

2.基于视觉的手眼目标定位系统

自动化装配领域以及航空航天领域中广泛地应用手眼系统，该系统也促进了现代工业的飞速发展。在机器人进行装配、搬运等工作中利用视觉系统，识别需要装配的零部件并确定其安装方位，进而引导机器手臂抓取所需的零件，并能准确地放到指定的位置，因此，能帮助完成工业生产中分类、搬运、装配等任务。

（三）基于计算机视觉的机器人导航

机器人导航技术有多种，如基于地图的机器人导航、基于光流的机器人导航、基于地貌的机器人导航等。

1.基于地图的机器人导航

基于预定义的地图导航，分为绝对定位和增量定位。首先，通过在摄像机采集图像中获取图像中不同特征，对这些特征建立关联关系，同时建立三维坐标系，这一过程都在远程控制下进行处理。接着，在运动过程中不断地在网格中循环标记跟踪得到的特征。最后，将活动的环境网格化到地图中。

2.基于光流的机器人导航

Santos Victor 等人研发出了一种基于光流的视觉系统，该系统能模拟出蜜蜂的视觉行为及运动规则。该系统认为昆虫的眼睛长在两侧的优势是基于运动产生的特征来导航蜜蜂行为，而不是获得深度信息。

3. 基于地貌的机器人导航

室外环境导航大多数采用基于地貌的机器人导航，这类导航技术的核心问题为关于数字图像的模式识别，具体地说就是物体纹理、颜色的识别问题。但由于环境色以及光照的影响，在不同的环境下，物体具有相同本质色能呈现出来完全不同的颜色。由于地貌导航很难预知先验知识，而只能实时处理视野中的对象，无法建立一幅关于周围环境的完整地图。

三、计算机视觉的发展方向

近年来，国内外在机器视觉技术领域进行了积极大胆的思索和研究，如美国卡内基梅隆大学机器人技术研究所视觉与自主系统中心建立了一套由 49 个经过同步的 CCD 摄像机组成的"3D ROOM"系统，主要用来对实时变化的动态场景及事件进行三维建模；美国马里兰大学自动控制研究中心的 Keck 实验室使用一套由 64 个同步摄像机组成的视觉运动分析系统，对人体在三维空间中的运动进行捕捉、分析和建模；美国斯坦福大学计算机图形学实验室设计并实现了一套由 128 个经过同步的 CMOS 摄像机组成的"Light Field"多摄像机阵列，主要用于对高性能成像技术、高速摄像技术以及被遮挡表面的重建技术进行研究；美国明德学院提供了一套多视点三维重建算法的标准评估平台，可用于对多视点三维重建算法的精度和完整性提供定量评估，当前已有超过 40 种多视点三维重建算法的精度评估结果及排名；香港科技大学、中国科学院自动化研究所、北京大学三维视觉计算与机器人实验室等诸多研究机构也都在这个领域展开了大量的研究工作。与此同时，这项技术逐步应用于工业现场，这些应用大多集中在药品检测分装、印刷色彩检测、制药印刷以及矿泉水瓶盖检测等领域。

虽然计算机视觉技术这门学科刚刚兴起，技术还不够成熟，但其应用前景广阔，相信在不久的将来，计算机视觉的应用将更加深入到人类现代生活的每个方面。

第三节　数字媒体与计算机视觉艺术

随着计算机应用领域不断探索创新，在美观性、实用性上取得巨大的突破，逐渐与社会主流发展趋势相融合，不断推动视角艺术数字媒体应用不断向前发展。视角艺术创造在计算机支持下，逐渐向数字化、数据化、智慧化方向发展，功能挖掘已经上升到一定的层次，逐渐产生新的发展体系。本节从计算机视觉艺术的应用内涵入手，对计算机视觉艺术相关技术在数字媒体中的应用进行分析，以确保媒体信息视觉的美观度，提升媒体平台实用性，确保创作人版权，真正让视角艺术发展再上新台阶，希望本节简单的分析可为以后研究者提供适当的借鉴参考意义。

一、计算机视觉艺术与数字媒体相关概述

（一）视觉传达要素含义

视觉传达是将某种目的作为先导，利用可视的艺术方法向特定对象传递特定信息，同时影响被传递对象的过程。视觉传达的要素主要体现在色彩、图形与文字上。其中，文字是人类感情的图画方式，同时也是记录信息的符号，在形式上有特定的含义，同时按照一定构成法则得到。在传统的文字中，通常会有衬线，字体反差不大；现代字体更简洁清晰，衬线被去掉后，线条不再有粗细的划分；此后的数码文字将更自由、灵活，让一切文字开始成为可能。

根据视觉传达的含义，不难认识到，任意文字都有图形含义，文字设计不应只体现在造型上，还应从文字内容出发做好艺术处理，这样才能表现出独特的情感气质与艺术内容。文字设计包含字形、字体结构与文字编排。编排将主体思想的传达作为依据，对各类视觉因素进行合理组织与安排，让组成结构尽量协调、平衡。

（二）计算机视觉艺术的应用内涵

计算机视觉艺术在日常工作、学习、生活中，有着极为广泛的应用，几乎所有的人都使用过。如 Windows 办公系统中的艺术字就是最好的例证。但时代不断创新发展，技术也必须要随之进步，因而，视觉艺术应用也在不断地变革，以期能够满足越来越多社会群体的需求，提升视觉效果的实用性、美观性、多样性。计算机视觉艺术在数字媒体中的应用，大致可以分为如下几个方面：一是提升程序美观性。随着计算机应用程序不断增加，但界面如果保持不变，势必会让用户产生审美疲劳，尤其是办公软件的界面，如果始终没有任何的变化，会强化使用者的厌恶心理。利用视觉艺术原理，对程序外观、色彩、构成进行优化，才能够让用户不断地产生新奇感。二是提升操作简捷性。美观是针对程序结构的外部属性，而程序界面是否明确和简捷，也是计算机应用的重要原则，因而，应用视觉艺术优化操作流程，最大限度地简化软件操作流程。当前，部分程序虽然符合美观要求，但界面应用因复杂而增加操作难度，使用户感觉使用不便。三是提升版权安全性。不仅仅计算机程序本身有版权，其功能、图标、图片都是拥有版权的，如果被大量使用则会侵犯创造者的根本权益。因而，利用视觉艺术技巧将版权信息植入文件中，就能够有效地维护媒体的版权。这些视角艺术技巧在数字媒体当中的创新应用，也为其稳步发展提供重要支撑。

二、视觉传达要素表现手法

构思、创意是视觉传达的重要部分，在艺术表现中应结合现实状况，使用对应的手法。第一，肌理。也就是借助物体纹理与形态，从设计人员的角度去分析，以提高图形感，视觉上得到特定的效果。将肌理应用到视觉传媒中，更多是借助视觉肌理，提炼视觉经验。第二，叠透。利用图形形成三度空间，在叠透处理中形成虚形与实形，以增强标志意念与内涵，在图形精巧表现与组合的情况下，丰富形象，这样就能收到巧妙、新颖、清晰、纯洁的效果。兰花枝叶，其中就采用叠透的方式，形成绿色的虚实相间，起到强调的作用，引起观看者的注意，并加深记忆。

三、计算机视觉艺术相关技术在数字媒体中的应用分析

（一）应用计算机视觉艺术理念，确保媒体信息视觉美观度

对于技术发展而言，计算机视觉艺术不是一个简单的概念，而是真真正正展现于媒体平台上，无论是网络程序，还是媒体图片，其美观特征都与创造者的视觉艺术理念密切相关。单纯地使用单一颜色或字体能够创造出程序，而选择多种颜色、字体及体现方式也能够创造出同样的程序，但给予使用者的视觉冲击力就会存在很大的差距。在日常工作中，经常会看到一些常用的程序或图片，如果无法让使用者感觉到耳目一新，就会让其逐渐感到厌烦，最终可能选择使用其他同类软件，不利于保证客户的忠诚度和归属感。因而，创造者在创造时，都会将视觉艺术融入其中，不断地提升程序应用的视觉感受，从而让使用者的视觉体验变得多元化，逐渐摆脱千篇一律的印象。增加客户应用体验是平台开发的重要目标，也是媒体创作者不断追求的发展方向。网络程序处于持续更新状态，这是至关重要的一环，也是当前许多媒体平台创作者不断追求的改革。网络上的许多程序不断更新，并在更新过程中不断地完善视觉效果，都是有这样的目的。为确保视觉刺激，视觉艺术理念的应用需要以创作者不断更新的思想作为基础，要确保每一次的视觉改进，都符合当前审美趋势与用户群需求，才能最终确保被用户接受。针对商务群体的应用程序进行设计创作，应在确保简洁的同时，融入奢华大气的要素，体现出商务气息。针对文学相关的程序，则应当以清新的文学气息为设计重点，体现出脱俗气质。艺术元素的融入，可以让程序更加出彩。

（二）应用计算机视觉艺术理念，提升媒体平台实用性

每个程序的产生，都是要为人所用，所以，即便一项程序已经具备了美观性这一要素，如果各个功能界面混乱难以操作，同样会使使用者产生排斥心理。在确保美观度的前提下，视觉艺术元素在媒体平台中的另一应用要点便是要确保功能的明确性，确保使用的便利性。

这与程序当中的多个要素都有关系。图标的辨识度、程序字体的清晰度、功能按钮的排布是否明确、子环节是否过多，子环节的分支指向是否清晰，都与使用者后续的使用感受密切相关，决定着用户的黏度。所以，在以视觉艺术理念为基础，对程序整体结构进行设置时，首先需要考虑的是如何在不破坏美观度的前提下，确保程序结构清晰度达到最高。例如，可以先对程序目录进行分级，后续再思考每一级目录应当怎样设计，应当怎样安排才能让用户到达每一级目录的过程达到最短。之后再考虑进一步的优化问题，才能让整体视觉效果兼具美观度与清晰度，让系统功能的应用率得到最大限度的提升。这样才是真正能让使用者最快上手的程序。

（三）应用计算机视觉艺术理念，确保创作人版权

版权维护是在当今社会必须得到重视的课题。无论是媒体技术的原创团队、个人作者，还是在媒体平台上投稿的相关作者，多数都对当前复杂网络环境下的版权维护工作心有芥蒂，感到无法信任。要确保这一问题的解决，只有应用视觉艺术理念及相关技术，确保版权信息在每个原创程序及其他作品中的体现，才能让更多原创作者敢于信任网络平台，让更多优秀的程序与其他形式的网络创作脱颖而出。当前视觉信息在媒体版权信息维护中的最主要体现便是水印，许多原创作品的宣传图像及作品本体都会利用水印体现出版权信息，以确保创作人相关信息图像形式的体现。但部分水印会影响整体的美观度，与视觉艺术理念是背道而驰的，所以还要不断地完善版权信息的体现方式，让版权相关信息在媒体平台与作品当中以易于辨识且不影响整体观感的形式体现出来，甚至要独树一帜，才能在不破坏整体艺术效果的情况下确保创作者的版权不受侵犯。当前最合理的实施方法应当是结合签名艺术的表现形式，但仍有进步的空间。

（四）科技与艺术的结合

自商业活动产生以来，包装随之产生。在最初的商业活动中，人们将文字、符号、色彩、文字等形式作为店号与商品标志。对于生活在都市的人来讲：各种商品是生活必需品，包装设计也反映了生活品种。就表面来看：包装艺术化的色彩、造型、图形装饰都从视觉上得到了很大的愉悦和认同，包装中隐含的工艺技术、材料与使用安全等各种因素都是不能忽略的。所以说人类在追求商业包装时，就有追求艺术性、保护商品的双重属性。在现代发展中，追求、人文环境，这两种属性以不同的形式展现。

综上所述，本节试析了计算机视觉艺术在数字媒体中的应用。从计算机视觉艺术的应用内涵入手，对计算机视觉艺术相关技术在数字媒体中的应用进行分析，确保媒体信息视觉美观度，提升媒体平台实用性，确保创作人版权，希望能够真正让视角艺术发展再上一个新台阶。

第四节　基于神经网络的计算机视觉

在大数据时代背景下，各个行业中都涉及更加复杂的管理内容，为了实现更加有效的管理，需要行业具有针对大数据的管理方法，而神经网络就是一种针对大数据的网络处理结构，其在计算机视觉中的应用也有效提供了计算机技术的性能，下面，本节就针对基于神经网络的计算机视觉进行探讨，来了解其具体的实现和应用。

计算机视觉应用作为一种新型的技术类型，受到了人们的欢迎和追捧，为了更好地实现计算机视觉的功能，可以利用神经网络来建立相应的网络结构来进行计算机视觉功能的实现，但是，由于神经网络还处于探索的阶段。本节主要对卷积神经网络在计算机视觉中的应用进行探讨，来了解其对计算机视觉的实现。

一、计算机视觉的神经网络模拟发展现状

神经网络模拟技术的发展还处于一种探索阶段，并没有达到实时的处理效果，而随着人们长期的研究和探索，目前国内外对于神经网络在计算机视觉中的应用研究也在不断进步，计算机视觉主要是将视觉感知到的处理以及表现进行综合，进而实现其自动化处理的技术，在神经网络的计算机视觉应用中，对于图像的处理、统计模式的分类以及几何的建模和处理等技术都比较实用，但是其研究中依然存在一定的难题。比如：利用相应的神经网络实现了对图像的恢复，但在其完成任务的过程中，需要神经元的数量过多，即所用的神经元数量至少要等于其输入的图像像素的个数。另外，神经网络的计算机视觉应用也取得了不错的效果，比如：利用三层神经网络对其纹理实现了有效分割，利用多值Boltzmann机来对其纹理进行分割，在其有限的迭代次数下，取得的效果却不错，在边缘的检测中，也取得了很大的突破。

二、基于神经网络的计算机视觉分析

（一）神经网络的结构

对于一个简单的卷积神经网络模型来说，其主要由两个卷积层（C_1，C_2）及两个子采样层（S_1，S_2）交替组成。其原始的输入图像先经过三个可以训练的卷积核可加偏置的向量来进行相应的卷积运算，进而在 C_1 层呈现出三个具有特征的映射图，然后针对其每一个特征映射图局部区域来进行相应的加权平均求和，在增加相应的偏置后，通过其非线性的激活函数于 S_1 层呈现出三个新特征的映射图，这些具有特征的映射图在 C_2 层三个可训练的卷积核中进行卷积，再经过 S_2 层，输出相应的三个特征的映射图，最后 S_2 层三个输

出特征图像被向量化，输入到其传统神经网络进行训练。

（二）图像分类

图像分类主要是通过对相关图像进行分析，进而将相应的图像划分为若干类别中某一种，它主要用来强调图像整体语义的判定。目前，常用评判图像的分类算法带标签数据集有很多种，ImageNet 的使用就比较频繁，其包含了超过 15000000 张的带标签高分辨率的图像，而这些图像进一步被划分成超过 22000 种类别，在训练深度神经网络时，一般常用归一化的输入数据预处理手段，它可以有效地减少网络的训练参数和初始权重，从而有效避免对训练的效果产生影响，加快其收敛的速度，相关人员也将这种归一化方法用到了网络内部激活函数中，从而实现对层和层之间数据传输的归一化。

（三）物体检测

物体检测相对于图像分类来说更加复杂，在对于一张图像的处理中，其还可能具有不同类别多个物体，因此，就需要针对这些内容进行相应的定位和识别，要想在物体的检测中取得良好的效果，就比物体的分类更有难度。在物体检测中，其深度学习的模型结构和构建也就更为复杂。卷积神经网络在物体检测中的使用，主要是利用 R-CNN 模型，这一模型是使用 Selective search 这一种非深度的学习算法来提出相应的待分类候选区域，进而再将其每一个候选区域输入于相应的卷积神经网络，并提取其特征，然后将这部分特征输入于线性支持的向量机进行分类，为了保证其定位准确，R-CNN 还训练了一种线性回归模型，对候选的区域坐标实现修正。

（四）姿态估计

在计算机视觉呈现中，除了图像分类以及目标检测外，对于姿态的估计也是应用广泛，比如：在很多网络游戏、动画视频等中都需要用到，因此，这就需要计算机视觉快速实现姿态的估计，在姿态估计和检测中，一般包含很多的类别，姿态估计也是目前计算机视觉实现中最关键的内容，主要是由于其应用于人物的追踪、动作的识别以及视频分析中，比如：生活中常用到的视频监控以及视频搜索功能等。对于姿态估计的网络结构来说，其主要由五个卷积层以及三个池化层和三个全连接层组成，其每一层都能够提取一定的特征进而进入下一层的训练中，再经过最后的全连接层得出一个 2k 维向量，作为其输出结果，如果想要得出原图的大小，还需要进行相应的逆操作。

（五）图像分割

在以上的基础上，对计算机视觉功能的发展就是对相应图像的每个像素点进行预测，也就是对图像的分割。对于图像的分割来说，一张图像可能会存在多个的物体、多个的人物或者多层的背景，这就需要对原图上每一个像素点进行分析，进而预测其属于哪部分图像分割内容，这也是计算机视觉应用中关键性内容。卷积神经网络模型对于图像分割的实现，先使用一些常用分类网络，保留它们对图像分类训练的参数基础之上，再进行相应的处理，将其转变成图像分割模型，然后，再将一些网络比较深的层特征以及一些比较浅的层特征进行有效结合，最后，再用相应的反卷积层放大到相应的原始图像大小提供更加准确分割结果，这种网络结构也被称作跳跃结构。

（六）人脸识别

人脸识别在图像识别的领域是非常重要的研究内容，其在人们生活中也逐渐地得到了应用，人脸图像功能的实现，需要其具有易采集特性，它也受到了很多行业重点关注，因此，其具有广阔的使用前景以及巨大商业市场。对于人脸识别技术来说，其主要有人脸检测、人脸识别以及人脸特征提取三个过程。人脸检测主要是在输入图像以及视频中，检测和提取相应的人脸图像，进而给出相应的人脸位置以及相应的主要的面部器官位置信息，一般采用 Haar 特征以及 AdaBoost 算法来对图像的各个矩形子区域实现分类，特征提取通过一组数据进行人脸信息的获取，其主要是提取人脸的特征，人脸特征一般有几何特征以及表征特征。

神经网络的计算机视觉应用对计算机技术的发展具有重要的意义，其可以有效地提高计算机技术的功能，进而更好地服务于人们，为了更好地促进其应用，需要相关人员继续对神经网络的计算机视觉应用进行研究和探索，这也是其发展中的重点内容。

第五节　计算机视觉的深度估计方法

社会经济体系在利用机械进行生产的过程中，对于机械的识别、追踪与测算能力有着较高的要求，为了进一步提升机械的服务能力，满足实际生产活动中的使用需求。工作者以计算机视觉作为研究核心，将摄像机与计算机为基本框架，在机械当中模拟出人类的视觉功能，完成识别、追踪与测算等一系列工作。本节以计算机视觉作为研究中心，从多个维度出发，对深度估算的方法进行优化，以期为后续技术研究与应用工作的开展准备条件。

计算机视觉要求相关技术体系运行过程中，能够从景物的二维图像中获取三维立体结构与景物的基本属性，并在这一过程中，对一幅或者多幅图像中的信息进行获取，这一过程称为深度估计。在进行深度估计的过程中，为了提升估计结果的准确性，普遍使用主动视觉与被动视觉两种方式，主动视觉与被动视觉是根据成像光源的差异来进行区分的，主动视觉是被测量的物体可以发出可控光束，而后对光束进行获取，形成最终的影像。被动视觉不需要可控光源也可以进行成像操作，因此，应用性相较于主动视觉技术要更为广泛，操作性更强。基于这种情况，本节将计算机被动视觉深度估计方法作为主要的研究对象，从多个维度出发，以现有的技术为条件，对计算机视觉深度估计的方法进行优化与发展。

一、被动视觉原理分析

被动视觉作为被动传感器技术体系的重要分支，主要涵盖了双目立体视觉、运动视觉、描影视觉与聚焦法等几种不同的技术类型，由于被动视觉不要求测量物体本身具有发光属性，因此具有较强的实用性。现阶段被动视觉被广泛地应用于距离测量与 3D 景物恢复工作之中，借助于自身的技术优势，被动视觉可以使用多台摄像机对同一目标的两幅照片进行视差计算形成计算深度，通过这种方式最大限度地提升被动视觉测量的科学性与准确性。但是从实际情况来看，被动视觉所使用的双目立体视觉、运动视觉、描影视觉等操作模式，虽然满足了部分计算机视觉技术应用工作的客观要求，但是受到多种因素的影响，被动视觉技术的应用效果受到制约，难以发挥被动视觉的技术优势。对被动视觉原理的全面分析，帮助技术人员进一步厘清被动视觉估计的核心诉求，为后续计算机视觉深度估计活动的开展创造了良好的外部环境，为后续计算机视觉技术体系的完善与发展提供了必要的技术支持。

二、深度估计在计算机视觉中实现所遵循的原则

计算机视觉深度估计活动的有序开展，不仅需要技术人员对于计算机视觉深度估计的重难点进行明晰，还需要从原则框架的角度出发，对自身工作进行梳理，以期完善计算机视觉深度估计工作实施的途径与手段，构建起科学高效的计算机视觉深度估计的全新模式。

（一）科学性原则

计算机视觉深度估计体系的构建，要充分体现科学性的原则，只有从科学的角度对计算机视觉深度估计活动的主要流程、计算机视觉深度估计的基本要求以及计算机视觉深度估计的重难点进行细致且全面的考量，才能在科学精神、科学手段、科学理念的指导下，以现有的教学资源为基础，构建计算机视觉深度估计新体系。

（二）实用性原则

由于计算机视觉深度估计的内容多样，操作环节较多。为了适应这一现实状况，计算机视觉深度估计的相关操作之中，就要尽可能地增加计算机视觉深度估计方案的容错率，减少外部环境对计算机视觉深度估计活动的影响。降低操作的难度，在较短时间内，进行批量操作，保证各个环节之中计算机视觉深度估计的顺利开展。

三、深度估计在计算机视觉中实现的途径与方法

深度估计在计算机视觉中的实现是一个全方位的过程，技术人员需要明确被动视觉的技术原理，以科学性原则、实用性原则为基本框架。采取针对性的技术手段，构建起计算

机深度估计的有效方法，以确保计算机视觉体系的有序构建。

（一）立体视觉技术的优化

双目立体视觉是人类获取距离信息的主要方法，其主要用于解决二维投影图像进行三维结构的转化。在这一体系下，为了实现距离获取的准确性，需要在不同的位置进行不同数量摄像机的设置、移动或者旋转，通过这种方式来进行图像的获取，并通过数学算法对多幅图片的视差进行计算，并在此基础上形成三维坐标。

在获取信息的过程中，双目立体视觉技术的视差与相机测量的深度成反比例关系，因此，只有在近距离测量的过程中，测量数据才具有可参考性，一旦测量距离超过一定的限度，测量数据的准确性就难以得到保证。为了应对上述情况，发挥双目立体视觉技术在深度估计中的重要性，技术人员需要在科学性原则的框架体系下，分析双目立体视觉技术的各个环节，借助于计算机技术将相机建模、特征提取、图像匹配与深度计算进行高度整合，充分发挥计算机在数据获取、信息处理与三维坐标构建中的积极作用，通过计算机强大的计算能力，对双目立体视觉获取的坐标进行纠偏，防止坐标体系计算过程中出现错误，实现计算机被动视觉的三维重建，促进计算机视觉技术的健康快速发展。

（二）运动视觉在计算机视觉中的实现

运动视觉借助于被测对象与摄像设备之间的相对运动，构建起三维表面信息体系。运动视觉以因分子分解的运动估算结构为框架，研究不同时间段内运动变化场景中，物体形状、位置与运动信息的获取。在运动视觉进行三维信息获取的过程中，需要技术人员从两个维度入手，一个维度在于通过对多幅图片进行抽取特点，建立起对应的位置关系；另一个维度在于根据不同点之间的位置关系进行函数关系的推定，形成物体的结构表述与运动特性。为了进一步发挥运动视觉的技术优势，技术人员可以在实用性原则的基础上，全面分析运动视觉的基本环节，从对运动视觉技术操作的冗余环节入手，不断地进行技术流程的优化，在此基础上，将数学算法融入计算机视觉之中，形成数学表达形式，$z = (\Delta x + X \Delta z) / [X (r_{31}X + r_{32}Y - r_{33}) + (r_{11}X + r_{12}Y - r_{13})]$，其中，$z$ 为计算机视觉深度；Δx 为测量物体的运动矢量变化；X、Y、r 分别为被测算物体的三维坐标，通过构建起科学的数学表达式，技术人员可以准确便捷地进行运动视觉数据信息的计算，发挥运动视觉估计方法的技术优势。

计算机视觉深度估计方法在实践中的应用，需要技术人员从现阶段技术发展的实际出发，将被动视觉作为研究核心，明确被动视觉的技术原理。在此基础上，以科学性原则、实用性原则为基本框架，以现有的技术手段为引导，将双目立体视觉技术与运动视觉技术为突破口，借助于数学表达式的形式，形成深度估计运行模式，发挥深度估计方法的技术优势，实现计算机视觉体系的合理化构建，确保相关技术操作的有序开展。

第六节　计算机视觉中的图匹配方法

计算机视觉在各行各业得到广泛的运用，在图片转化中常常会使用到图匹配的方式来降低误差，提升视觉效果。通过将两张或两张以上的图进行对比分析，来提高计算机视觉分析的精密度和准确性。在长期的研究过程中出现了多种图匹配的方法，本节就不同的图匹配方法进行综合论述，以期从中找到一些共同之处和创新点，为计算机的图匹配领域提供新的理论资料。

现阶段，计算机视觉要求的精密度和智能化水平越来越高。影响计算机视觉效果的因素有很多，既有硬件方面的，也有软件方面的问题。就硬件水平而言，目前，专业摄像头的像素已经达到一个很高的标准，因此，想要实现视觉效果的提升就必须在软件上下功夫，即在算法、系统和图匹配方法上进行优化升级。本节重点就图匹配的方法进行详细论述，在此之前，关于匹配方法的问题少有论述，本节将弥补图匹配方面理论研究的不足，丰富相关科研资料。

一、匹配方法对计算机视觉效果的影响

（一）矢量特征描述法

矢量特征描述法简而言之就是对线条的描述和刻画，这种技术被广泛地运用于零件制造行业。这种描述方式更适合对线性指标进行处理，在对色彩丰富、图形复杂的图片进行处理时其精确度就会明显下降。这是其工作原理所导致的，不同的工作原理决定了它独有的服务对象和工作效率。在使用矢量特征描述法对现实生活中的图片进行处理时，常常会出现失误率高、系统运行负荷过大等情况。矢量特征描述法更适合传统的零件加工行业，在节约成本的同时，也能够满足零件生产过程中的基本要求。对于精密度高、较为复杂的图纸，使用矢量特征描述法缺乏专业性，尤其是对产品的精度要求严格的企业，这时就需要使用更为立体、全面的图模型法。

（二）图模型法

图模型法是现阶段最常用的图匹配方法，通过对图片进行精细化处理，对图片的内容进行建模；通过对两种模型具体情况的对比来提高匹配的准确性。图模型法能够将平面的照片立体化、层次化，使图片不再局限于平面上，使用批次对照的方式，使图片对比更加细致化，即使用图模型的方式能够细化像素、曝光、白平衡等因素对照片质量的影响，通过数字化智能处理的方式，图形中的内容"活起来"。这种方法适用于多个领域对图片进行匹配的要求。第一步通过智能化程序快速对图片内容进行扫描；第二步进行建模；第三

步根据层次化的模型分层对比或匹配，通过科学合理的匹配方案让图匹配更加高效、便捷。

二、计算机视觉中图匹配方法的组成要点

（一）特征空间

在图片的拍摄过程中，极易受到人为因素的影响，导致图片的质量存在误差，在构图、亮度、对比度、光照等各个方面，任何一个环节的参数变动都会导致照片存在或多或少的差异，导致匹配过程难度提升。所谓特征空间就是指在图片匹配环节，图片的具体参数及情况。不同的图片有不同的参数，在处理时，把握不同图片参数之间的关系，通过电脑进行整体性分析，既要凸显相同点、相似率，更要明确不同点。图片特征问题是对图片进行处理的第一步，在匹配时，为匹配对象确定一个大致的特征区间，是区间内图片的各项参数保持相对平均的基本方法。

（二）相似性度量

在匹配的过程中，依据的是相似度的高低。相似度既是衡量相似性，也是衡量匹配准确性的重要表现形式之一。在匹配时，应当通过随机的方式，保证不同组都有分工，保证每一组内的图片在特征上的相似度大致满足。通过数字化的结果保证相似性度量。通过函数进行相似度的分析，将复杂的数据用函数表现出来。相似性的度量方式是建立在函数相似性基础上的，因此，在这一过程中，选择正确的函数公式和回归方程是基础，也是相似性匹配的基本保障。

（三）搜索空间

搜索空间即带估计参数组成的空间。对参数内容进行初步归纳，从而形成一个一定范围的空间，最后将不同图的参数空间进行匹配。这种匹配方式使匹配过程更加直观、更富有科学依据。根据参数的不同，能够反映的不仅是图片的质量，更包含了图片的色彩、内容等因素。随着互联网技术的发展和计算机成像技术的成熟，电脑显示器也存在失真的情况，因此，使用参数进行匹配的方式更符合计算机的运行特点。细微参数的匹配方式能够反映出肉眼所无法直观的差异。使用参数作为搜索更适合计算机的工作模式，能够保证检索的快速性和配对的准确性。

（四）搜索策略

搜索策略即搜索时选择的途径和方案。通过对图片参数的比对，选择合适的搜索方案，搜索方案的选择决定了搜索的准确性和全面性。搜索策略的优化，是控制匹配误差、提高匹配质量的最好途径。在搜索策略的选择上，应当遵循最优选择的原则。随着计算机核心数量的增多，可以实现多核心同时运转，同时负责不同算法的分工。因此，在图形匹配时，计算机系统会自动地使用不同搜索方案进行配对，通过对不同结果进行分析，用大数据分

析的方法择优使用最佳方案。

三、现阶段计算机视觉中主要的图匹配方法

就目前而言，计算机视觉中的图匹配方法主要有以下三种，即谱方法、双随机约束松弛法、稀疏约束松弛法。在实际匹配过程中，合理地利用三种方法能够有效地增加计算机匹配的精确程度，每种方法都有其优点和可取之处。对匹配方法的具体分析能够促进匹配方式的融合和革新，为综合性图匹配方法的研发提供参考。

（一）谱方法

谱方法是建立在光滑函数基础上的运算方式。在计算机视觉中的具体运用分为两种方式，即谱松弛和谱嵌入。两者在运算方式上，没有绝对的区别，但是在处理方式上存在差异。谱嵌入是指在图匹配过程中，使两个图像之间的点进行对位，从周边到中间，通过点的对位情况判断匹配程度。在权值匹配的过程中，目前广泛使用的谱方法主要有正交约束的谱松弛法、奇异值分解的谱嵌入法、图邻接矩阵的谱嵌入法和联合嵌入模型图块。这些都是在谱方法的基础上进行衍生和升级的方法。虽然前者可以从整个图像中得到最佳正值，但往往会得到负值的最终结果，因此，有必要保证图像的均匀性，执行图形匹配时的大小。同时，结合嵌入模型图匹配方法，综合分析图中所有不动点的嵌入与匹配，构建系统模型，实现图顶点嵌入与匹配的协同。

（二）双随机约束松弛法

双随机约束松弛法是图匹配中常用的方法。它是运用线性规划和路径跟随的方法进行图形匹配的，这种匹配方法更具有代表性。运用线性规划相当于一个无限取近似值的过程，通过对近似值的判断和获取，获得图像匹配过程中的重要信息。运用函数的特点，使匹配过程中主体图像 A 和参考对象 X 进行重试、匹配。路径跟随的方法是将匹配对象和被匹配对象定义为两种函数，一种定义为凹函数，另一种定义为凸函数，最后将凹凸函数整合起来，得出一个复合函数，使用复合函数与被匹配对象进行匹配，求出最优解。以上两种方法的特点在于：充分使用数学函数，实现逐层运算，在运算能力和内容上更加全面和细致，然而在图像与函数的转换过程中还存在一定的问题。

（三）稀疏约束松弛法

稀疏约束松弛法是从数据离散性的角度进行分析，在谱方法和双随机约束松弛法中研究的重点是，不同图像之间参数的集中程度，通过对集中程度进行概括从而确定图像的相似度。稀疏约束松弛法是对所得的结果进行离散化处理。该种方法具备谱方法和双随机约束松弛法的全部优点，并且在此基础上，能够对匹配结果进行离散化处理。稀疏约束松弛法可以视为以上两种方法的综合和提升。通过对图片的分散情况进行分析，来确定图片像

素的集中程度、不同色彩之间的配比，从寻找差异的角度去匹配图片，能够简化计算机的工作流程，提高匹配速率。

图匹配技术有赖于计算机运算技术的发展，精确化的匹配需要计算机具备强大的运算能力，对计算机造成的负荷也更大。匹配方式的选择决定了运算方式的差异，针对不同的图像选择适合的运算方法，在长期的经验积累中，形成图像匹配的客观规律，用规律指导匹配过程。使用不同的匹配方式在数据结果上各有侧重也各有优劣。图匹配技术还存在良好的上升空间。为实现精确化处理，在图匹配的方法选择上也应当遵循择优处理的基本原则。

第二章　计算机视觉技术的发展

第一节　机器视觉技术研究进展

　　机器视觉是建立在计算机视觉理论工程化基础上的一门学科，涉及光学成像、视觉信息处理、人工智能以及机电一体化等相关技术。随着我国制造业的转型升级与相关研究的不断深入，机器视觉技术凭借其精度高、实时性强、自动化与智能化程度高等优点，成为提升机器人智能化的重要驱动力之一，并被广泛地应用于工业生产、农业以及军事等各个领域。笔者在广泛查阅相关文献之后，针对近十年来机器视觉相关技术的发展与应用进行分析与总结，旨在为研究学者与工程应用人员提供参考。首先，总结机器视觉技术的发展历程、国内外的机器视觉发展现状；其次，重点分析了机器视觉系统的核心组成部件、常用视觉处理算法以及当前主流的机器视觉工业软件；然后，介绍了机器视觉技术在产品瑕疵检测、智能视频监控分析、自动驾驶与辅助驾驶、医疗影像诊断四个典型领域的应用；最后，分析了当前机器视觉技术所面临的挑战，并对其未来的发展趋势进行了展望，为机器视觉技术的发展和应用推广发挥积极作用。

　　近年来，随着现代制造业产业结构调整和转型升级的不断深入，越来越多企业开始施行"机器换人"，使机器人在汽车、物流、航空航天、船舶乃至食品等领域得到了越来越广泛的应用，并带动了相关产业的发展。机器人是一种集机械、传感、识别、决策与控制等多种先进技术于一身，并具有部分智能能力的自动化设备或装置，被称为"制造业皇冠顶端的明珠"，世界各国对其发展的重视程度与日俱增。机器人技术及其应用已成为当今科技和产业发展的"必争之地"，具有重要的战略意义。

　　作为机器人的"眼睛"，机器视觉系统借助光学装置和非接触的传感器获得被检测物体的特征图像，并通过计算机从图像中提取信息，进行分析处理，进而实现检测和控制的装置。机器视觉系统具有实时性好、定位精度高等优点，能有效地增加机器人的灵活性与智能化程度，同时也是实现工业自动化和智能化的重要手段之一。随着各类技术的不断完善以及制造产业中高质量产品的需求日益增多，机器视觉从最开始主要用于工业电子装配缺陷检测，逐步应用到汽车制造、食品监控、视觉导航、交通、军事、纺织加工等多个领域，市场规模不断扩大。因此，研究机器视觉相关技术对提升工业智能机器人的产业发展具有重要意义。

　　本节主要对机器视觉的发展历史、研究现状、相关核心技术及其应用进行总结与分析，并对未来发展趋势做出展望。

一、机器视觉发展现状

（一）机器视觉发展史

　　机器视觉是建立在计算机视觉理论工程化基础上的一门学科，涉及光学成像、视觉信息处理、人工智能以及机电一体化等相关技术，经历了从二维到三维的演化过程。机器视觉发展于 20 世纪 50 年代对二维图像识别与理解的研究，主要包括字符识别、工件表面缺陷检测、航空图像解译等。60 年代，麻省理工学院 Roberts 提出了利用物体的二维图像来恢复出诸如立方体等物体的三维模型（如弹簧模型与广义圆柱体模型等）以及建立空间关系描述，开辟了面向三维场景理解的立体视觉研究。70 年代，麻省理工学院 Marr 创立系统化的视觉信息处理理论，指出人类视觉从三维场景中提取对观测者有用信息的过程需要经过多层次的处理，并且这种处理过程可以用计算的方式重现，从而奠定了计算机视觉理论化和模式化的基础。此后，计算机视觉技术在 80 年代进入最蓬勃发展的时期，主动视觉等新的概念、方法与理论不断涌现。与此同时，随着 CCD 图像传感器、CPU 与 DSP 等硬件与图像处理技术的飞速发展，计算机视觉逐步从实验室理论研究转向工业领域的相关技术应用，从而产生机器视觉。由于具有实时性好、定位精度与智能化程度高等特点，机器视觉已经在智能汽车、电子、医药、食品、农业等领域得到了广泛的应用，如占机器视觉市场需求 40%~50% 的半导体制造行业，从上游的晶圆加工切割到高精度 PCB 定位，从 SMT 元件放置到表面缺陷检测等都依赖于高精度的机器视觉引导与定位。

（二）国外机器视觉现状

　　机器视觉早期发展于欧美和日本等国家，并诞生了许多著名的机器视觉相关产业公司，主要包括光源供应商日本 Moritex；镜头厂家美国 Navitar、德国 Schneider、德国 Zeiss、日本 Computar 等；工业相机厂家德国 AVT、美国 DALSA、日本 JAI、德国 Basler、瑞士 AOS、德国 Optronis；视觉分析软件厂家德国 MVTec、美国 COGNEX、加拿大 Adept 等，以及传感器厂家日本 Panasonic 与 KEYENCE、德国西门子、Omron、Microscan 等。尽管近 10 年来全球产业向中国转移，但欧美等发达国家在机器视觉相关技术上仍处于统治地位，其中，美国 COGNEX 与日本 KEYENCE 垄断了全球 50% 以上的市场份额，全球机器视觉行业呈现两强对峙状态。在诸如德国工业 4.0 战略、美国再工业化和工业互联网战略、日本机器人新战略、欧盟"火花"计划等战略与计划以及相关政策的支持下，发达国家与地区的机器视觉技术创新势头高昂，进一步扩大了国际机器视觉市场的规模。至 2018 年，机器视觉系统的全球市场规模接近 80 亿美元，年均增长率超过 15.0%。世界最大的机器视觉市场——德国市场，其规模为 27.1 亿美元，占比超过全球总量的三分之一。

（三）国内机器视觉现状

相比发达国家，我国直到 90 年代初才有少数的视觉技术公司成立，相关视觉产品主要包括多媒体处理、表面缺陷检测以及车牌识别等。但由于市场需求不大，同时产品本身存在软硬件功能单一、可靠性较差等问题，直到 1998 年开始，我国机器视觉才逐步发展起来，其发展主要经历了启蒙、发展初期、发展中期和高速发展等阶段。

机器视觉启蒙阶段：自 1998 年开始，随着大量的电子相关外资企业在大陆投资建厂，企业迫切需要得到大量机器视觉相关技术的支持，一些自动化公司开始依托国外视觉软硬件产品搭建简单专用的视觉应用系统，并不断地引导和加强中国客户对机器视觉技术和产品的理解和认知，让更多相关产业人员展现视觉技术带给自动化产业的独特价值和广泛应用前景，从而逐步带动机器视觉在电子、特种印刷等行业的广泛应用。

机器视觉发展初期阶段：2002—2007 年期间，越来越多的企业开始针对各自的需求寻找基于机器视觉的解决方案，以及探索与研发具有自主知识产权的机器视觉软硬件设备，在 USB 2.0 接口的相机和采集卡等器件方面，逐渐占据入门级市场；同时在诸如检测与定位、计数、表面缺陷检测等应用与系统集成方面取得了关键性突破。随着国外生产线向国内转移以及人们日益增长的产品品质需求，国内很多传统产业如棉纺、农作物分级、焊接等行业开始尝试用视觉技术取代人工来提升质量和效率。

机器视觉发展中期阶段：2008—2012 年期间，出现了许多从事工业相机、镜头、光源图像处理软件等核心产品研发的厂商，大量中国制造的产品步入市场。相关企业的机器视觉产品设计、开发与应用能力，在不断实践中也得到了提升。与此同时，机器视觉在农业、制药、烟草等多行业得到深度且广泛的应用，培养了一大批相关技术人员。

机器视觉高速发展阶段：近年来，我国先后出台了促进智能制造、智能机器人视觉系统以及智能检测发展的政策文件，《中国制造 2025》提出实施制造强国，推动中国到 2025 年基本实现工业化，迈入制造强国行列；《高端智能再制造行动计划（2018—2020年）》提出中国智能检测技术在 2020 年要达到国际先进水平。得益于相关政策的扶持和引导，我国机器视觉行业的投入与产出显著增长，市场规模快速扩大。据高工产业研究院（GGII）统计，2017 年中国机器视觉市场规模达到 70 亿元，同比增速超 25%，高于其他细分领域增速，2020 年市场规模超过 120 亿元。同时我国机器视觉正逐渐向多领域、多行业、多层次应用延伸，目前我国机器视觉企业已 100 余家，如凌华科技、大恒图像、商汤科技、旷视科技、云从科技等；机器视觉相关产品代理商过 200 家，如广州嘉铭工业、微视图像等；系统集成商超过 50 家，如大恒图像、凌云光子等，产品涵盖从成像到视觉处理与控制整个产业链，总体上视觉应用呈现百花齐放的旺盛状态。

然而，尽管目前我国机器视觉产业取得了飞速发展，但总体来说，大型跨国公司占据行业价值链的顶端，拥有较为稳定的市场份额和利润水平；我国机器视觉公司规模较小，如作为中国机器视觉系统的最大供应商，大恒新纪元科技只占有 1.4% 的全球市场份额；与美国 COGNEX、日本 KEYENCE 等大企业相比，许多基础技术和器件，如图像传感器芯片、高端镜头等仍全部依赖进口，国内企业主要以产品代理、系统集成、设备制造以及上层二次应用开发为主，底层开发商较少，产品创新性不强，处于中低端市场，利润水平偏低。

二、机器视觉组成与关键技术

一般来说，机器视觉系统主要包括照明系统、成像系统、视觉信息处理等关键组成部分。

（一）照明系统

照明系统的作用主要是将外部光以合适的方式照射到被测目标物体以突出图像的特定特征，并抑制外部干扰等，从而实现图像中目标与背景的最佳分离，提高系统检测精度与运行效率。由于影响照明系统的因素复杂多变，目前没有普适的机器视觉照明方案，往往需要针对具体的应用环境，并考虑待检测目标与背景的光反射与传输特性区别、距离等因素选择合适的光源类型、照射方式及光源颜色来设计具体的照明方案，以达到目标与背景的最佳分割效果。

机器视觉光源主要包括卤素灯、荧光灯、氙灯、LED、激光、红外、X 射线等。其中，卤素灯和氙灯具有宽的频谱范围和高能量，但属于热辐射光源，发热多，功耗相对较高；荧光灯属于气体放电光源，发热相对较低，调色范围较宽，而 LED 发光是半导体内部的电子迁移产生的光，属于固态电光源，发光过程不产生热，具有功耗低、寿命长、发热少、可以做成不同外形等优点，LED 光源已成为机器视觉的首选光源，而红外光源与 X 射线光源应用领域较为单一。

从光源形状角度分类，照明光源可分为条形、穹形、环形、同轴以及定制等光源。从光源照射方式上分，照明系统可分为明 / 暗场、前向、侧向、背向、结构光、多角度照射与频闪照明等。其中，明场照明的光源位置较高，使大部分光线反射后进入了相机；反之，暗场照明采用低角度照射方式使光线反射后不能进入照相机以提高对表面凹凸表现能力，暗场照明常用于光滑面板如手机壳、玻璃基片等表面划痕检查；背向照明是被测物置于光源和相机之间以获取较高对比度的图像，常用于分析物体的轮廓或透明物体内的异物；多角度照射则采用不同角度光照方式，以提取三维信息，如电路板焊接缺陷检测往往采用多角度照射的 AOI 光源来提高成像质量。而结构光照明是将激光或投影仪产生的光栅投射到被测物表面上，然后，根据投影图案产生的畸变程度来重建出物体的三维信息。

此外，光源颜色会对图像对比度产生显著影响，一般来说，波长越短，穿透性就越强；反之则扩散性越好。因此，光源选择需要考虑光源波长特性，如红色光源多用于半透明等物体检测。如 Vriesenga 等利用控制光源的颜色来改善图像的对比度。与此同时，光源旋转需要充分考虑光源与物体的色相性，通过选择色环上相对应的互补颜色来提高目标与背景间的颜色对比度。因此，在实际应用中，需考虑光源与物体颜色相关性，选择合适的光源来过滤掉干扰，如对于某特定颜色的背景，常采用与背景颜色相近光源来提高背景的亮度，以改善图像对比度。

（二）成像系统

成像系统是机器人视觉感知系统中的"视"部分，采用镜头、工业相机与图像采集卡等相关设备获取被观测目标的高质量图像，并传送到专用图像处理系统进行处理。

镜头相当于人眼睛的晶状体，其作用是将来自目标的光辐射聚焦在相机芯片的光敏面阵上。镜头按照等效焦距可分为广角镜头、中焦距镜头、长焦距镜头；按功能可分为变焦距镜头、定焦距镜头、定光圈镜头等。镜头的质量直接影响到获取图像的清晰度、畸变程度等，若成像系统获取的图像信息存在严重损失，往往在后面的环节中难以恢复，因此，合理选择镜头是机器视觉中成像光路设计的重要环节。

镜头选择时需要综合考虑镜头焦距、视野、工作距离、畸变、杂散光抑制等因素，选取合适的焦距保证被摄物成像具有合适的大小，并且成像畸变小。

同时，由于受镜头表面镀膜的干涉与吸收特性影响，选择镜头时需要考虑到镜头最高分辨率的光线应与光源波长、相机光敏面阵接收波长相匹配，以保证光学镜头对光线具有较高的透过率。

工业相机是将光辐射转变成模拟/数字信号的设备，通常包括光电转换、外围电路、图像输出接口等部件。按数据传送的方式不同，相机可以分为 CCD 相机与 CMOS 相机两类，其中，CCD 成像质量好，但制造工艺相对复杂，成本较高，而 CMOS 电源消耗量低，数据读取快。按照传感器的结构特性不同，工业相机可分为面阵式与线阵式两类。面阵相机可以一次获得整幅图像，测量图像直观，其应用面较广，但由于生产技术的制约，单个面阵很难满足工业连续成像的要求。线阵相机每次成像只能获得一行图像信息，因此，需要保证被拍摄物体相对相机直线移动，逐次扫描获得完整的图像。线阵相机具有分辨率高等特点，常用于条状、筒状如布匹、钢板、纸张等检测。由于逐次扫描需要进行相对直线移动，成像系统复杂性和成本有所增加。

相机选择需要考虑光电转换器件模式、响应速度、视野范围、系统精度等因素。此外，由于工业设计的需求，当使用工业模拟相机时必须采用图像采集卡将采集的信号转换为数字图像进行传输存储。因此，图像采集卡需要与相机协调工作来实时完成图像数据的高速采集与读取等任务，针对不同类型的相机，有 USB、PCI、PCI64 等不同的总线形式的图像采集卡。

（三）视觉信息处理

视觉信息处理充当了机器视觉的"大脑"部分，对相机采集的图像进行处理分析实现对特定目标的检测、分析与识别，并做出相应决策，是机器视觉系统的"觉"部分。视觉信息处理一般包括图像预处理、图像定位与分割、图像特征提取、模式分类、图像语义理解等层次。

1. 图像预处理

图像预处理部分主要借助相机标定、去噪、增强、配准与拼接、融合等操作来提高图像质量、降低后续处理难度。相机标定旨在求解相机的内参（焦距，畸变系数）和外参（旋转矩阵和平移向量）以提供物体表面某点的三维几何位置与其在图像中对应点之间精确坐标关系，标定精度高低直接影响到机器视觉定位的精度。常用标定方法主要包括张正友标定法、自标定法等。与此同时，由于各种电磁等干扰，获取的图像常含有椒盐、高斯等多种噪声，对比度低，并存在运动模糊等现象，因此，需要对图像去噪或结构增强以改善图像质量。其中，去噪方法一般可分为空间域与变换域去噪两大类，而主流的图像增强方法包含直方图均衡化、图像锐化、视觉模型增强、运动模糊去除等方法。同时，由于视野范围限制、成像模式的不同，需要对生产线上不同位置获取的多模或单模态图像进行配准，再实现多幅图像拼接或融合处理。图像配准一般分为基于图像灰度的配准方法与基于图像特征的配准方法。基于灰度的配准方法直接采用归一化的相关信息等相似性度量函数来计算图像灰度值之间的相似性，并确定图像间的配准参数，此类方法简单、配准精度高，但对图像灰度变化、旋转、变形以及遮挡比较敏感，计算复杂度高，往往需要采用各种优化策略。基于特征的配准方法首先从图像提取各种点、线、区域等特征，然后进行空间约束或不变特征匹配得到特征间的匹配关系，进而估计出图像之间变换关系。此类方法计算速度快，但依赖特征的提取。由于在配准过程中，需要搜索多维空间，机器视觉系统常采用金字塔、小波方法以及各种优化策略来减小配准计算量。在图像配准的基础上，有些工业生产线需对多源图像进行融合，保证可以尽可能地提取有用信息，并去除冗余或干扰信息，在较少的计算代价的前提下高效利用图像资源，并改善计算机解译精度和可靠性。根据图像表征层次的不同，图像融合可分为像素级融合、特征级融合和决策级融合三个层次的融合，通过融合技术可以提高视觉目标检测的识别与抗干扰能力。

2. 图像定位与分割

图像定位与分割主要利用目标边界、几何形状等先验特征或知识确定待检测目标的位置或从图像中分割出目标，是确定目标位置、大小、方向等信息的重要手段。

图像定位利用图像灰度或特征信息来确定图像中被检测物体的位置、大小及旋转角度等，主要采用模板匹配方法实现，即通过计算模板图像（通常是被检测物体图像）和待搜索图像的相似性度量，然后寻找相似性度量值最大或最小对应的匹配位置即目标位置。模板匹配具有速度快、定位精度高、简单等优点，在视觉定位与引导中得到了广泛应用。由于需要给定待检测物体的图像，因此，模板匹配定位方法只适用于背景简单、特征固定的物体，难以用于不规则形状物体的定位。

图像分割是根据目标及背景特性将图像划分为多个具有独特属性的非重叠区域，进而确定目标位置、区域大小。图像分割方法一般可以分为如下内容：

（1）阈值分割方法。首先对图像像素灰度分布特性进行分析，然后采用先验知识或Otsu算法等方法确定最优灰度阈值将图像分割为两个或多个局部区域。该方法简单高效，适用于待检测目标与背景具有明显差异的情况。

（2）区域分割方法。利用区域内图像特征（如颜色、纹理等）具有均匀性或相似性将像素集合起来实现图像分割，主要包括区域生长、分裂合并、分水岭等算法。此类方法能够处理较为复杂图像，但计算量大，而且种子点的选取与迭代终止条件的设定容易影响分割结果，甚至可能会破坏区域边界。

（3）基于边缘的分割方法。该方法利用不同图像区域在边界处有明显灰度跳变或不连续，找到目标区域的边缘来实现图像分割。由于不连续性常通过求导数来实现，因此，该类方法适用于噪声比较小的图像，尤其是二阶微分算子对噪声十分敏感。

（4）基于图的分割方法。借助图论的思想，将待分割图像转换为带权无向图，其中，每一个像素即图中的一个节点，将图像分割问题转化为图顶点的标注问题，再利用最小优化准则如图割、随机游走等实现图像的最佳分割。该方法可以较好地分割图像，但计算复杂度高。

（5）基于神经网络的语义分割方法。模拟人类感知过程，采用如脉冲耦合神经网络等方法来处理复杂的非线性问题。近年来，深度学习技术在图像语义分割领域得到了深入研究，提出了如 FCN，DeepLab，Mask R-CNN，U-Net 等分割算法，并在自动驾驶、影像诊断等领域得到应用。该类方法适应性较强，能够对被分割区域分配不同的标签，但存在学习过程复杂、计算量大等缺点。

3. 图像特征提取

图像识别是先提取形状、面积、灰度、纹理等特征，然后借助模式识别等方法来实现目标分类、缺陷检测等功能，以满足工业机器视觉不同的应用需求。因此，图像特征提取很大程度上影响着图像识别结果。

图像特征提取可看作为从图像中提取关键有用低维特征信息的过程，以使获取的低维特征向量能够有效地描述目标，并保证同类目标具有较小的类内距而不同类目标具有较大的类间距。高效的特征提取可提高后续目标识别精度与鲁棒性，降低计算复杂度。常用的二维图像特征主要包括纹理特征、形状特征、颜色特征等。

（1）纹理特征。描述物体表面结构排列以及重复出现的局部模式，即物体表面的同质性，不依赖于颜色或亮度，具有局部性与全局性，对旋转与噪声不敏感。纹理特征提取方法包括有统计法如灰度共生矩阵、局部二值模式（LBP）、Gabor 滤波器、小波变换等。

（2）形状特征。根据仅提取轮廓或整个形状区域的不同，形状特征可细分为轮廓形状与区域形状两类。

轮廓形状是对目标区域的包围边界进行描述，其描述方法包括边界特征法、简单几何特征、基于变换域（如傅里叶描述子、小波描述子）、曲率尺度空间（CSS）、霍夫变换等方法。轮廓特征描述量小，但包含信息较多，能有效地减少计算量；但轮廓特征对于噪声和形变敏感，常难以提取完整的轮廓信息。

区域形状特征是针对目标轮廓所包围的区域中的所有像素灰度值或对应的梯度加以描述，主要有几何特征（如面积、质心、分散度等）、拓扑结构特征（如欧拉数）、矩特征（如 Hu 不变矩、Zernike 矩）、梯度分布特征（如 HOG、SIFT 等）。

（3）颜色特征。用于描述图像所对应景物的外观属性，是人类感知和区分不同物体的基本视觉特征之一，其颜色对图像平移、旋转与尺度变化具有较强的鲁棒性。颜色空间模型主要有 HSV、RGB、HSI、CHL、LAB、CMY 等。常用的颜色特征的表征方法包括有颜色直方图、颜色相关图、颜色矩、颜色聚合向量等。

4. 模式分类

模式分类本质上是通过构造一个多分类器，将从数据集中提取的图像特征映射到某一个给定的类别中，从而实现目标分类与识别。分类器的构造性能直接影响到其识别的整体效率，也是模式识别的研究核心。模式分类可分为统计模式识别、结构模式识别、神经网络以及深度学习等主要方法。

统计模式识别结合了统计概率的贝叶斯决策理论以对模式进行统计分类，其主要方法有贝叶斯、Fisher 分类器、支持向量机、Boosting 等，统计模式识别理论完善，并取得了不少应用成果，但很少利用模式本身的结构关系。结构模式识别（又称句法模式识别）首先将一个模式分解为多个较简单的子模式，分别识别子模式，最终利用模式与子模式分层结构的树状信息完成最终识别工作。结构模式识别理论最早用于汉字识别，能有效地区分相似汉字，对字体变化的适应性强，但抗干扰能力差。因此，在很多情况下往往同时结合统计模式和句法模式识别来解决具体问题。

神经网络是一种模仿动物神经网络进行分布式并行信息处理机理的数学模型，其通过调整内部大量节点之间相互连接关系来实现信息并行处理。目前神经网络又可进一步分为 BP 神经网络、Hopfield 网络与 ART 网络等。神经网络具有很强的非自线性拟合、记忆以及自学习能力，学习规则简单，便于计算机实现。因此得到了广泛的应用。但神经网络具有学习速度慢，容易陷入局部极值以及求解时会遇到梯度消失或者梯度爆炸等缺点。

2006 年，Hinton 和 Salakhutdinov 提出了一种基于无监督的深度置信网络，解决了深度神经网络训练的难题，掀起了深度学习的浪潮，先后出现了包括稀疏自编码器、受限玻尔兹曼机、卷积神经网络、循环神经网络、深度生成式对抗网络等模型。与传统的机器学习相比，深度学习提倡采用端到端的方式来解决问题，即直接将图像特征提取与模式分类集合在一起，然后根据具体的模式分类目标损失函数（如交叉熵损失、Hinge 损失函数等）从数据中自动地学习到有效的特征并实现模式分类，学习能力强。因此，深度学习在计算机视觉、语音识别、字符识别、交通、农业、表面缺陷检测等领域取得了巨大成功。深度学习也存在缺少完善的理论支持、模型正确性验证复杂且麻烦、需要大量训练样本、计算量大等问题。相信随着深度学习研究的不断深入将为机器视觉带来更广阔的发展空间。

5. 图像语义理解

图像语义理解是在图像感知（如前述的预处理、分割检测、分类识别）的基础上，从行为认知以及语义等多个角度挖掘视觉数据中内涵的特征与模式，并对图像中目标或群体行为、目标关系等进行理解与表达，是机器理解视觉世界的终极目标，主要涉及信号处理、计算机视觉、模式识别和认知科学等多个交叉学科，近年来已经成为计算机科学领域的研究热点。

图像语义理解一般可分为自底向上的数据驱动方法和自顶向下的知识驱动方法两种策略。数据驱动方法首先对图像颜色、纹理、形状等特征进行分析，采用多层逐步提取有用的语义信息，最终实现更接近于人类的抽象思维的图像表示，并利用语义网、逻辑表达、数学形态学等知识表达工具引入知识信息，消除图像解释的模糊性，实现图像语义理解。

而自顶向下的知识驱动方法通常建立抽象知识库的符号化和形式化表示，并构建基于先验知识的规则库，利用推理逻辑自动地对图像进行分类，这类方法尝试模拟人类的逻辑推理能力，具有较高抽象水平，属于高级的认知过程。然而，由于图像语义理解依赖于对象的存在、属性及与其他对象的关系，无论是底层特征的表征还是上层的语义句法描述都难以支撑跨越图像低层特征与高层场景语义之间的"语义鸿沟"，而图像场景语义理解必须解决低层视觉特征和高层场景语义之间的映射关系。

近几年来，随着深度学习的快速发展，图像语义理解问题也从传统经典算法逐渐过渡到基于深度神经网络训练的图像理解算法，希望通过深度学习将机器可以识别的图像低层特征与图像相匹配的文本、语音等语义数据进行联合训练，从而消除语义鸿沟，完成对图像高层语义的理解。目前语义理解研究工作主要集中在场景语义分割与分类、场景评注以及自然语言生成等。如 QI 等将时空注意机制和语义图建模相结合，提出了一种新的注意语义递归神经网络来建模复杂时空语境信息和人与人之间的关系。Zitnick 等提出了从简笔画集合中抽象出图像的语义信息的方法，建立了语义上重要的特征、词与视觉特征的关系以及测量语义相似度的方法。相比而言，场景评注以及自然语言生成研究仍处于起步阶段。

尽管视觉处理算法研究取得了巨大的进步，但面对检测对象多样、几何结构精密复杂、高速运动状态以及复杂多变的应用环境，现有的视觉处理算法仍然面临着极大的挑战。

（四）机器视觉软件

国外研究学者较早地开展机器视觉算法的研究工作，并在此基础上开发了许多较为成熟的机器视觉软件，包括 OpenCV、HALCON、VisionPro、HexSight、EVision、Sherlock、Matrox Imaging Library（MIL）等。这些软件具有界面友好、操作简单、扩展性好、与图像处理专用硬件兼容等优点，从而在机器视觉领域得到了广泛的应用。

OpenCV 是美国 Intel 开发的开源免费图像处理库，主要应用于计算机视觉领域，开发成本较低，因此，很多企业如美国 Willow Garage 公司、德国 Kithara 公司支持基于 OpenCV 开发视觉处理软件。但其可靠性、执行效率、效果和性能不如商业化软件。HALCON 是德国 MVTec 公司开发的机器视觉算法包，支持多种语言集成开发环境，应用领域涵盖医学、遥感探测、监控以及工业应用，被公认为功能最强的机器视觉软件之一。HALCON 图像处理库包括一千多个独立的函数，其函数库可以通过 C/C++ 和 Delphi 等多种编程语言调用，同时支持百余种工业相机和图像采集卡包括 Genl Cam，GigE 和 IEEE1394，但价格比较贵。而 HexSight 是 Adept 公司开发的视觉软件开发包，可基于 Visual Basic/C++ 或 Delphi 平台进行二次开发，在恶劣的工作环境下仍能提供高速、可靠及准确地视觉定位和零件检测。VisionPro 是美国 Cognex 公司开发的机器视觉软件，可用于所有硬件平台，其中包括主流的 FireWire 和 Cameralink 等，利用 ActiveX 控制可快速地完成视觉应用项目程序的原模型开发，可使用 Visual Basic 等多种开发环境搭建出更具个性化的应用程序。此外，还有加拿大 Matrox 公司的 MIL，Dalsa 公司的 Sherlock 软件和比利时 Euresys 公司的 EVision 等等，这些机器视觉软件都能提供较为完整的视觉处理功能。

相比而言，我国机器视觉软件系统发展较晚，国内公司主要代理国外同类产品，然后在此基础上提供机器视觉系统集成方案，目前国内机器视觉软件有深圳奥普特 SciVision 视觉开发包、北京凌云光 VisionWARE 视觉软件、陕西维视图像 Visionbank 机器视觉软件、深圳市精浦科技有限公司 OpencvReal ViewBench（RVB）。其中，SciVision 定制化开发应用能力比较强，在手机、电子等行业优势较大；VisionWARE 在印刷品检测方面优势较大，在比较复杂条件下印刷品反光、拉丝等方面算法比较可靠，漏检率低；Visionbank 部分测量和缺陷检测功能易上手，不需要任何编程基础，能非常简单快捷地检测出来，但印刷品字符识别能力一般。近年来，国内企业开始重视开发具有自主知识产权的算法包与解决方案，如北京旷视科技开发了一整套人脸检测、识别、分析等视觉技术，在此基础上，应用开发者可以将人脸识别技术轻松应用到互联网及移动等应用场景中。

总体而言，机器视觉技术综合了光学、机电一体化、图像处理、人工智能等方面的技术，其性能并不仅仅取决于某一个部件的性能，需要综合考虑系统中各部件间的协同能力。因此，系统分析、设计以及集成与优化是机器视觉系统开发的难点和基础，同时也是国内厂商有待加强的部分。

三、机器视觉技术应用

机器视觉最早应用于半导体及电子行业，随着视觉检测、分割、生成等各类技术的不断完善，机器视觉下游应用领域也不断拓宽，机器视觉已经在军事、农业、制药等领域得到广泛应用。本节主要从四个典型应用场景来介绍机器视觉技术应用。

（一）产品瑕疵检测

产品瑕疵检测是指利用相机、X 光等视觉传感器将产品内外部的瑕疵成像，并通过视觉技术对获取的图像进行处理，确定有无瑕疵，瑕疵数量、位置和类型等，甚至对瑕疵产生的原因进行分析的一项技术。机器视觉能大幅地减少人工评判的主观性差异，更加客观地、可靠地、高效地、智能地评价产品质量，同时提高生产效率和自动化程度，降低人工成本，而且机器视觉技术可以运用到一些危险环境和人工视觉难以满足要求的场合，因此，机器视觉技术在工业产品瑕疵检测中得到了大量的应用。

缺陷形态、位置、方向和大小等往往存在较大差异，使瑕疵检测与评价成为一个复杂的任务。产品瑕疵视觉检测一般涉及图像预处理、瑕疵区域定位、瑕疵特征提取和分类四个步骤。①需要对获取的产品图像进行图像降噪、对比度增强等预处理操作来滤除图像噪声，改善图像对比度等使目标区域的特征更加显著；②采用模板比对或图像分割等方法实现瑕疵区域检测与定位，并借助相机采集的图像空间信息与物体空间之间"精确映射"关系实现瑕疵区域面积或体积等测量；③根据专业知识或经验提取表征缺陷的特征；④利用机器学习等相关算法实现瑕疵分类。如文献首先在同一位置采集多幅标准 PCB 图像并计算其灰度平均值作为标准图像，将待测 PCB 图像与其进行比对，计算出两幅图像的差异，再通过后续二值化等处理即可确定缺陷区域位置；在此基础之上，通过边界检测获取各个缺陷区域的像素值来识别缺陷类型。然而，由于工业应用中待检测对象形态多变，在许多情况下很难找到"标准"图像作为参照，因此，采用模板比对的方法往往难以确定出缺陷目标，此时常采用图像分割的方法实现缺陷区域定位。如文献提出了一种基于正则化共面判别分析与支持向量机的家具表面死节缺陷分割算法，将输入图像进行分块，同时将块变换成列向量，所有列向量组成矩阵进行 RCDA 维数约减，对约减后的特征进行支持向量机训练与测试，得到图像块分类结果，最后将块分类矩阵变形成二值分割图，得到死节缺陷目标。

近年来，深度学习在产品瑕疵检测方面得到了广泛的应用，如针对传统的方法仍然难以处理复杂多样的 PCB。文献提出了一种微小缺陷检测深度网络（TDD-Net）来提高 PCB 缺陷检测的性能，利用深度卷积网络固有的多尺度金字塔结构构造特征金字塔，最终能达到 98.90% 的平均检测率。文献提出了一种基于深度学习的机器视觉像素级表面缺陷分割算法，首先采用轻量级全卷积网络（FCN）对缺陷区域进行像素级预测，并对预测出的缺陷区域作为第二阶段检测确认，纠正错误分割，最后利用引导滤波器对缺陷区域的轮廓进行细化，以反映真实的异常区域。

（二）智能视频监控分析

智能视频监控分析是利用视觉技术对视频中的特定内容信息进行快速检索、查询、分析的技术，广泛地应用于交通管理、安防、军事领域、工地监控等场合。

在智慧交通领域，视频监控分析主要用于提取道路交通参数，以及对交通逆行、违法、抛锚、事故、路面抛洒物、人群聚集等异常交通事件的识别，具有涉及交通目标检测与跟踪、目标及事件识别等关键技术，如采用背景减除、YOLOv3等方法检测车辆等交通目标，进而建立车辆行驶速度和车头时距等交通流特征参数的视觉测量模型，间接计算交通流量密度、车辆排队长度、道路占有率等影响交通流的重要道路交通参数，进而识别交通拥堵程度，并实现交通态势预测和红绿灯优化配置，从而缓解交通拥堵程度，提升城市运行效率。如文献在综合分析交通信息采集技术、交通状态识别、交通状态演变研究现状的基础上，对干道交通状态识别及演变机理进行分析，采用深度学习方法提取交通参数，并基于LSTM循环神经网络与3D-CNN卷积神经网络等方法对交通状态进行预测，建立适用于精细化交通管控的城市道路交通状态识别及预测框架。钱皓寅和郑长江明确提出一种基于事件特征来检测交通事件的监测系统，系统从图像序列中检测出车辆，并根据车辆移动方向、交通流和车辆加速度来实现交通事件检测。文献提出了一种集合基于稀疏时空特征学习的自校正迭代硬阈值算法和基于加权极值学习机的目标检测的视觉交通事故检测方法。

此外，机器视觉技术可用于智慧城市中的安防监控与情报分析如人脸识别、人群密度和不同方向人群流量的分析等，智能研判与自动预警重点人员与车辆，实现基于视频数据的案件串并与动态人员的管控。

（三）自动驾驶及辅助驾驶

自动驾驶汽车是一种通过计算机实现无人驾驶的智能汽车，其依靠人工智能、机器视觉、雷达、监控装置和全球定位系统协同合作，让计算机可以在没有任何人类主动操作的情况下，自动安全地操作机动车辆。机器视觉的快速发展促进了自动驾驶技术的成熟，使无人驾驶在未来成为可能。自动驾驶技术主要包含环境感知、路径规划和控制决策三个关键部分，其中机器视觉技术主要用于环境感知部分，具体包括以下内容：

（1）交通场景语义分割与理解。采用视觉技术提取交通场景图像中提取有用信息，并恢复场景的三维信息，进而确认目标、识别道路和判断故障，实现可行驶区域和目标障碍物等交通场景语义分割与理解，包括有道路及车道线提取、深度估计，等等。如文献提出了一种基于双视图几何的可行驶道路重建算法；Gupta和Choudhary提出了一种新的实时集成无监督学习框架，使用安装在移动车辆仪表板上的摄像机实时反馈车道检测、跟踪和路面标记的检测与识别。文献提出了一种基于深度卷积神经网络的实时高性能城市街道场景鲁棒语义分割方法，实现了准确率和速度的良好折中。

（2）交通目标检测及跟踪。对交通场景中的交通标志与信号灯、车辆与行人、非机动车等交通参与者进行视觉检测与跟踪，并估计各个目标的运动方向和速度。如文献针对驾驶环境中物体的大尺度变化、物体遮挡和恶劣光照等情况，提出了基于CNN的辅助驾驶视觉目标检测方法；文献提出了一种基于立体视觉系统生成的U-V视差图的障碍物检测方法，利用V-视差图来提取道路特征，然后利用U-视差图来检测道路上的障碍物，消除了针孔成像的透视投影造成的缩短效应并大幅地提高远处障碍物的检测精度，最后将 U-V 视差算法的检测结果放入一个上下文感知的快速 RCNN 中，该 RCNN 结合了内部特征和上下文特征，提高了小障碍物和遮挡物的识别精度。

（3）同步定位和地图创建。无人驾驶汽车在未知环境中或 GPS 无法持续定位的环境下，需要同时实现自身的准确定位以及所处环境的地图构建。同步定位和地图创建（simultaneous localization and mapping，SLAM）是指无人驾驶汽车利用内外部传感器对自身运动和周围环境进行感知，确定环境状况、自身位置、航向及速度等信息，同时创建环境地图或对地图进行实时更新，其是无人驾驶汽车的关键之一。SLAM 主要涉及定位、地图创建以及数据关联问题。其中，定位主要是通过视觉、GPS、惯性导航等方式为路径规划和环境地图创建提供精确的位置信息。数据关联则采用新特征检测、特征匹配与地图匹配等步骤实现观测量与地图特征之间匹配关系。文献提出了一种基于对象包的视觉贝叶斯车辆位置识别算法来实现更快的和更鲁棒性的定位。赵鑫针对未知环境下无人驾驶汽车同时定位与地图创建展开研究，在 Fast SLAM 算法基础上引入自适应重采样技术和无迹卡尔曼滤波，提出了自适应重采样无迹卡尔曼滤波 Fast SLAM 算法。

（四）医疗影像诊断

随着人工智能、深度学习等技术的飞速发展，机器视觉集合人工智能等技术，逐渐应用到医疗影像诊断中，以辅助医生做出判断。机器视觉技术在医学疾病诊断方面的应用主要体现在以下两个方面：

（1）影像采集与感知应用。对采集的影像如 X 射线成像、显微图片、B 超、CT、MRI 等进行存储、增强、标记、分割以及三维重建处理。如何在神经网络融合模型的基础上建立 3D 人体模型数据库，在影像分析过程中直接从数据库选取相应部分对病灶进行替换，从而可快速地完成脑血管 CT 三维重建。文献提出了一种利用卷积神经网络将 MRI 图像自动分割成若干组织类的方法。该网络使用多个斑块大小和多个卷积核大小来获取每个体素的多尺度信息。

（2）诊断与分析应用。由于不同医生对于同一张图片的理解不同，通过大量的影像数据和诊断数据，借助人工智能算法实现病理解读，协助医生诊断，使医生可以了解到多种不同的病理可能性，提高诊断能力。如实现乳腺癌，肺部癌变的早期识别；根据器官组织的分布，预测出肿瘤扩散到不同部位的概率，并能从图片中获取癌变组织的形状、位置、浓度等等；以及通过 MRI 图像，再现心脏血流量变化，并且探测心脏病变。孟婷等提出了一种增强卷积网络模型，通过训练一对互补的卷积神经网络，以优化病理图像诊断准确率。算法首先训练基本网络，来估计病理图像中各局部组织患病的概率，之后训练另一异构网络，对基本网络的判决结果进行修正，并在肾、肺、脾组织数据集与淋巴结癌症转移检测数据集上展开实验验证。

四、面临的挑战问题

尽管机器视觉取得了巨大的进展，并得到广泛的应用，但还有许多的问题待解决。

（一）可靠性与准确性问题

机器视觉需要区分背景以实现目标的可靠定位与检测、跟踪与识别。然而，应用场景往往复杂多变，工业视觉上的算法存在适应性与准确性差等问题。为此，需要研究与选择性能最优的图像特征来抑制噪声的干扰，增强图像处理算法对普适性的要求，同时又不增加图像处理的难度。

（二）图像处理速度问题

图像和视频具有数据量庞大、冗余信息多等特点，图像处理速度是影响视觉系统应用的主要瓶颈之一。因此，要求视觉处理算法必须具有较快的计算速度，否则会导致系统明显的时滞，难以提高工业生产效率。因此，期待着高速的并行处理单元与图像处理算法的新突破来提高图像处理速度。

（三）机器视觉产品通用性问题

目前工业机器视觉产品的通用性不够好，往往需要结合实际需求选择配套的专用硬件和软件，从而导致新的机器视觉系统开发成本过大与时间过长，这也为机器视觉技术在中小企业的应用带来一定的困难，因此，加强设备的通用性至关重要。

（四）多传感器融合问题

由于使用视野范围与成像模式的限制，单一视觉传感器往往无法获取高效的图像数据。多传感器融合可以有效地解决这个问题，通过融合不同传感器采集到的信息可以消除单传感器数据不确定性的问题，以获得更加可靠、准确的结果。但实际应用场景存在数据海量、冗余信息多、特征空间维度高与问题对象的复杂等问题，需要提高信息融合的速度。解决多传感器信息融合的问题是目前的关键。

五、发展趋势

随着智能制造产业的进一步升级，以及机器人技术、计算机算力与图像处理等相关理论的不断发展，机器视觉将会在工业生产、医疗和航天等领域发挥日益重要的作用，与此同时也出现了一些新的发展趋势。

（一）3D 工业视觉将成为未来发展趋势

二维机器视觉系统将客观存在的 3D 空间压缩至二维空间，其性能容易受到环境光、零件颜色等因素的干扰，其可靠性逐渐无法满足现代工业检测的需求。随着 3D 传感器技术的不断成熟，3D 机器视觉已逐步成为制造行业的未来发展趋势之一。未来，机器人可以通过 3D 视觉系统从任意放置的物体堆中识别物体的位置、方向，并能自主地调整方向来拾取物体，以提高生产率并减少此过程中的人机交互需求，产品瑕疵检测以及机器人视觉引导工作更加顺畅。

（二）嵌入式视觉是未来趋势

嵌入式视觉系统具有简便灵活、低成本、可靠、易于集成等特点，小型化、集成化产品将成为实现"芯片上视觉系统"的重要方向。机器视觉行业将充分利用更精致小巧处理器如 DSP、FPGA 等来建立微型化的视觉系统。这些系统几乎可以植入任何地方，不再局限于生产车间内。趋势表明，随着嵌入式微处理器功能增强以及存储器集成度增加与成本降低，将由低端的应用覆盖到 PC 机架构应用领域，将有更多的嵌入式系统与机器视觉整合，嵌入式视觉系统前景广阔。

（三）标准化的解决方案

机器视觉所集成的大量软硬件部件，是自动化生产过程的核心子系统，为降低开发周期与成本的需要，要求机器视觉相关产品尽可能采用标准化或模块化技术，用户可以根据应用需求实现快速二次开发，但现有机器视觉系统大多是专业系统。因此，软硬件标准化已经成为企业所追求的解决方案，视觉供应商在 5 年内应能逐步提出标准化的系统集成方案。

（四）视觉产品智能化

由于视觉系统能产生海量的图像数据，随着深度学习、智能优化等相关人工智能技术的兴起，以及高性能图像处理芯片的出现，机器视觉融合 AI 成为未来的一大趋势。AI 技术将使机器视觉具有超越现有解决方案的智能能力，像人类一样自主感知环境与思考，从大量信息中找到关键特征，快速做出判断，如视觉引导机器人可根据环境自主决策运动路径、拾取姿态等以胜任更具有挑战性的应用。

当下机器视觉技术已渗透到工业生产、日常生活以及医疗健康当中，如工业生产线机器人准确抓取物体、无人商店、手术机器人靶区准确定位，等等。机器视觉技术的广泛应用极大地改善了人类生活现状，提高了生产力与自动化水平。随着人工智能技术的爆发与机器视觉的介入，自动化设备将朝着更智能、更快速的方向发展，同时机器视觉系统将更加可靠、高效地在各个领域中发挥作用。

机器视觉系统较为复杂，主要涉及光学成像、图像处理、分析与识别、执行等多个组成，每个组成部分出现大量的方案。这些方案各有优缺点和其适应范围，因此，如何选择合适的方案来保证系统在准确性、实时性和鲁棒性等方面性能最佳一直是研究者与应用企业努力与关注的方向。

第二节　计算机视觉技术的应用进展

随着科技的发展以及计算机技术的兴起，要求对功能和配件进行更新，可以给人们的工作和生活带来诸多便利，基于此，本节论述了计算机视觉技术简介及其具体应用。

一、计算机视觉技术简介

（一）计算机视觉技术及其发展变化

计算机视觉技术是一项综合了识别技术、场景重建技术、图像恢复技术以及运动技术等多项先进技术种类的现代化信息技术，它可以对特定内容进行图像提取、对图像中的文字信息进行识别鉴定，最终转化为方便编辑的文档。场景重建则可以实现计算机模型或是三维模型的建立。图像恢复则能够有效地移除图像内的噪声。计算机视觉技术涉及多个专业领域，如计算机科学和工程、应用数学和统计学、神经生物学和认知科学等，因此，其在制造业、医疗诊断、军事、检验等多个行业领域中均得到了广泛的应用。

和传统的技术相比，计算机视觉技术获得了大幅度的改进，尤其是在图像处理方面展现了更加强大的功能，从过去的二进制图像处理转变为更高分辨率的图像转化技术，同时还实现了工作内容的简化，使图像处理质量获得了有效提高。就目前来看，计算机视觉技术在我国的发展速度很快，而且随着工业的发展，该技术的应用领域也获得了极大的拓展，促进了工业生产效率的持续增长。而从计算机技术的发展来看，高端视觉技术已经成为计算机领域发展的一个新的趋势。

（二）计算机视觉以及人类视觉

计算机视觉技术在应用过程中出现了和人类视觉相同的障碍，具体表现在以下三点内容上：

（1）如何准确、实时地识别出不同的目标；

（2）如何才能显著扩大存储的容量，从而容纳出更多具有细节的目标图像内容；

（3）有效构建出一个有效的识别算法，并按照算法实现相关的内容。

二、计算机视觉技术的应用

（一）应用在农业自动化领域

农业与我们的日常生活息息相关，农业作业要考虑生产周期、产量等因素，保质保量地进行生产，所以，在作业的过程中对高新技术的使用也有所需求。在生产作业过程中，也可以通过利用计算机视觉技术，来实现全天候实时监测农作物的生长状况，及时发现问题并寻找应对措施去解决问题，科学地、高效地管理农作物的生产近况。与此同时，该项技术还可用于检测农产品的质量，保障优质化的产出。以农业中对蔬菜质量的监测为例，使用传统的人工检测既费时费力，且在检测过程中易造成蔬菜损伤，最终所得的结果准确度也不高。依据此情况，我们可借助计算机视觉技术进行辅助作业，先通过感应外部所释放出来的红外线、紫外线以及其他可见光的大小，接着与标准值相对比，进而依据对比结果科学地判断蔬菜质量的优劣。这种方法快捷、效率高，在有效的时间内能够精准地检测多于人工检测几倍的农田，以获得事半功倍的结果，在技术上具有无可比拟的优势，所以如今被广泛地应用于农业生产自动化领域。

（二）应用在工业领域中

（1）视觉检测技术的应用。现阶段，计算机视觉技术进步较快，而在我国工业领域的实际使用过程中，我国的工业效率显著提高，而广泛适用于工业领域的技术就是视觉检测技术。计算机视觉技术在实际使用过程中，需要严格按照实际操作步骤进行操作，不可随意跳过任何的步骤，以免出现检测发生错误的情况。此外，在使用视觉检测技术的时候，需要考虑到图像的输出格式，并根据图像的特征分析相关内容，从而提高图像检测的精准度。

（2）图像预处理技术的使用。在计算机视觉技术的使用过程中，最为重要的一种技术就是图像预处理技术，利用这一项技术能够对图像进行有效的处理和分析，并结合数据处理情况来对图像中的内容进行有机提取。由此可见，应用图像预处理技术能够将繁杂的工作步骤逐渐简化，在一定程度上减少工作压力。图像预处理技术是匹配之前的主要环节之一。这项技术根据模板展开分析，结合最终满足实际需求的具体图像所输出的数据的实际分辨力进行判断。图像预处理技术是在获取图像前所使用的技术，可以获取二值边缘化的图像，然后结合实际要求来对图像进行处理，提升图像的使用效率。

（三）应用医学领域

在医学自动化领域也可从 CT 图像、X 射线图像上等多方面看到计算机视觉技术的应用。高新技术的辅助应用，在一定程度上简化了诊断流程，方便医生准确地判断病人病情。不仅在医疗诊断过程中计算机视觉技术可发挥出功效，而且在生产药品方面该项技术也可用于检测药品包装的合格程度。向传送装置下达运输命令，传送装置通过内置的检测与分离两个区域，迅速采集所需图像信息并传送药品到指定区域，接着将采集的信息传递到计算机系统进行处理，精准地识别出未能包装好的药品，将信息传递到分离区，由分离区的自动装置进行药品的分离，有效地分离包装好的药品与未能包装好的药品，这一检测过程大大地简化了传统检测的流程，在很大程度上减少人力、物力的浪费，并做到了准确无误的检测，完善药品生产的自动化作业，让工作效率得以提升，节约企业经营成本，为企业创造更多收益。

第三节　计算机数字视觉技术结构及其发展

计算机视觉技术发展的重要性不言而喻，通过分析其发展历程，可以认为，计算机视觉研究的基本理论框架为：深度重建框架、基于知识的视觉框架、主动视觉框架以及视觉集成框架。三维表示是计算机视觉重要研究内容。

一、计算机数字视觉技术研究的地位

长期以来，人类持续不断地试图从多个角度去了解生物视觉和神经系统的奥秘，这些努力的阶段性理论研究成果已经在人们的生产生活中发挥着不可估量的作用。计算机视觉（CV）研究的主要内容是通过计算机分析景物的二维图像，从中获得三维世界的结构和属性等信息，进而完成诸如在复杂的环境中识别和导航等任务。计算机视觉研究的重要性是不言而喻的，会产生深远的经济和科学的影响。

20 世纪下半叶以来，很多研究者都曾试图通过视觉传感器和计算机软硬件模拟出人类对三维世界图像的采集、处理、分析和学习能力，以便使计算机和机器人系统具有智能化的视觉功能。今天，数字图像相关的软硬件技术在人们生活中广泛使用，数字图像已经成为当代社会信息来源的重要构成因素，各种图像处理与分析的需求和应用也不断促使数字视觉技术的革新。数字视觉技术的应用十分广泛，如数字图像检索管理、医学影像分析、智能安检、人机交互等。

数字视觉技术是人工智能技术的重要组成部分，也是当今计算机科学研究的前沿领域，经过近年的不断发展。已逐步形成一套以数字信号处理技术、计算机图形图像、信息论和语义学相互结合的综合性技术，并具有较强的边缘性和学科交叉性。

二、计算机数字视觉技术研究的核心问题

视觉问题复杂性的本质在于相对声音等物理信号的描述，视觉信号有丰富的信息，描述起来也更加困难。如何攻克图像信息提取过程中的各种难题一直是当今计算机图像学研究的热点问题，而且在科学家们还未完全破译生物视觉系统的奥秘的前提下，大多数问题只能采用逆向推导机制，依据已知或假设的关联将视觉系统的输入数字图像和输出语义描述对应起来。基于概率论和数理统计的数学模型是最适合解决这类逆推问题的工具，这也是目前领域普遍采用各种统计模型和机器学习算法的本质原因。

物体的三维表示是计算机视觉研究的一个关键问题。八叉树（octree）表示法是一种紧凑、简洁的物体三维表示法，近年来，这种表示法被广泛地应用到计算机视觉的研究领

域。广义八叉树表示法的优点是不受视图个数的限制，通过增加观察方向可以计算出更加精确的物体三维表示。主要缺点是需要进行多次坐标变换，在计算机上实现时需要研究相应的离散技术。线性八叉树（linearoctree）是较八叉树更加简洁的表示形式。

三、计算机视觉技术结构及其研究基本框架

计算机视觉技术内在的逆推机制决定了其在系统开发时必须将原始图像数据与其蕴含的知识之间的语义鸿沟加以弥补，在满足特定应用需求的前提下进行合理的图像内容简化和假设，形成目前普遍使用的计算机视觉系统结构：图像数据层、图像特征描述层及图像知识获取层。由于各种图像特征都有其优点及不足之处，目前趋势是结合不同种类的特征对图像内容进行综合表述，以建立较为可靠的图像信息模型，比如，利用时空体数据结构对人体行为等视频内容进行描述。

计算机视觉技术的研究主要围绕着四个基本理论框架：以 Marr 视觉计算理论为核心的深度重建框架；以感知特征群集为主线的基于知识的视觉框架；以"感知—动作"为基础的主动视觉理论框架；以综合集成理论为指导的视觉集成理论框架。其中，视觉集成理论框架是计算机视觉研究中一个较新的理论框架，并越来越多地受到 CV 研究者的关注。视觉集成理论的研究内容大致可以分为三个方面。第一方面的研究内容是关于视觉信息与其他类型信息的集成。第二方面的研究内容是关于视觉表示和视觉模型的集成。视觉表示方法主要分为三类：图像表示、表面表示、物体表示。视觉模型主要分为图像模型、结构和形状模型、运动和动态模型、不确定性模型。集成的视觉系统应该能够充分地利用这些方法的优点。第三方面的研究内容是系统的集成。

四、计算机视觉的发展历程及其趋势

一般认为，计算机视觉技术研究始于 20 世纪 50 年代中期，当时的努力主要集中在二维景物图像的分析。区别在于：图像处理的目的是通过处理原始图像得到在某一方面更有利的新图像。模式识别关心的则是将一些模式归入预先定义的有限类别中，主要研究的是二维模式。而计算机视觉主要考虑的是对三维世界的描述和理解。

一般来说，比较一致的观点认为，计算机视觉的研究起始于 1965 年 Rboesrt 开创性的工作。Rboesrt 对"积木世界"研究取得的成功激起了人们很高的期望。

20 世纪 60 年代末 70 年代初期，计算机视觉研究领域的很多工作是关于低层视觉处理，从图像中提取重要的强度变化信息——边缘检测。然而，人们很快就认识到很多重要的物体属性无法只通过分析图像的灰度变化得出。到了 70 年代初期，问题更加明朗化，低层视觉处理无法从单幅图像中普遍地获取对景物的有用描述，计算机视觉的研究领域普遍地发生危机。为了摆脱困境，计算机视觉迫切地需要有一个统一的理论框架作为指导。

70 年代中期到 80 年代初期，计算机视觉的研究领域首次出现了一个理论框架：视觉计算理论框架，将视觉系统从概念上分成几个独立的模块。80 年代后期，计算机视觉的研究领域出现了主动视觉（vtievsiino）的理论框架。

近年的研究结果表明，单一的图像特征描述机制，无论是对底层像素级特征的描述还是顶层语义特征的描述，都仅能在有限范围内对图像的内容进行建模。巧妙地融合多种图像特征，因此成为近年图像信息描述方面的主要趋势，近年来，计算机视觉的另一个理论框架——视觉的集成方法越来越多地受到重视。一个重要的趋势是用于识别真实世界中较为复杂的图像内容的技术不断得到发展。随着目前互联网络技术的不断发展，另一个值得重视的趋势是计算机图像技术与互联网技术、社交媒体技术等其他计算机技术的融合。

计算机视觉识别技术虽然是一门新兴学科。但应用前景十分广阔，对其技术的有效性、易用性、实时性及稳定性能等方面有着较高的要求。因此。其技术面临着前所未有的机遇和挑战，该领域的发展亦有过激烈的争论和反思。但是，不可否认的是，计算机视觉技术研究在许多应用领域的应用前景都是广阔的、不可估量的。

第四节　计算机视觉与模式识别研究进展

近年来，人工智能（Artificial intelligence，AI）已经逐渐成为新一轮科技革命和产业变革的核心驱动力，正在对人类生活的方方面面产生极其深刻的影响。随着互联网大数据和高性能并行计算的快速发展，计算机视觉（Computer Vision，CV）领域的相关研究也在过去几年取得了重要进展，成为人工智能领域的重要应用分支之一。作为计算机视觉研究的主要工具，以深度神经网络为代表的模式识别（Pattern Recognition）技术也取得了重大突破。

人工智能是构建智能机器的科学和工程，其目的是使机器模拟、延伸、扩展人类智能。视觉是人类对周围环境的主要感知方式，同时也是人类智能的主要体现方式之一。计算机视觉研究的目标是赋予机器自然视觉的能力，即一门研究如何使机器像人类一样能够"看"的科学。计算机视觉领域的研究工作最早可以追溯到 1982 年英国神经和心理学家大卫·马尔（David Marr）所著《视觉》（Vision）一书。在计算机视觉成为一门独立学科到现在的几十年的发展中，人们对视觉的本质进行了多种解释，也提出了大量的理论和方法。

21 世纪初期，随着基于统计学习的模式识别方法的快速发展，基于学习的视觉成为计算机视觉的主流研究方向。随着互联网大数据和高性能并行计算资源的快速发展，深度学习在最近十年之内取得了巨大的成功，并在计算机视觉领域得到了极为广泛的应用。本节以机器视觉中的具体应用任务出发，对计算机视觉和模式识别领域发展过程中的重要技术进行了梳理，并对具有代表性的研究成果进行了总结。最后，本节介绍了计算机视觉和模式识别技术的主要应用领域，并对未来的发展趋势进行了展望。

一、计算机视觉

人类感知外界的信息 80% 以上来源于视觉，计算机视觉赋予机器类人甚至超人的视觉感知和认知能力，是人工智能的基础问题。数据（互联网、物联网、广电网泛在的视觉大数据）、算法（深度神经网络、生成对抗网络等模型）和算力（GPU 服务器）等基础条件的万事俱备发展推动人脸识别、物体检测、图像分割、目标分类、视频结构化、场景建模等计算机视觉技术和应用近些年取得突破性进展，机器视觉能力已经在大量单项视觉任务超过人类视觉精度水平。

建设图像视频数据库并设计测评标准成为推动计算机视觉发展的重要动力，每年一届的大规模图像库视觉识别挑战赛 ImageNet Large Scale Visual Recogition Challenge（ILSVRC）跟踪了国际计算机视觉技术发展水平的变迁，越来越大的 ImageNet 数据集（已有 2.2 万类、1500 万幅图像）树立了物体定位、物体检测、图像分类、场景解析的挑战性目标。

（一）物体检测

物体检测旨在找出给定图像中的物体，并定位出这些物体的位置。物体检测算法用矩形框将图片中的物体位置标出，并给出物体的具体类别。计算机视觉理论的奠基者 David Marr 认为计算机视觉要解决的问题可归结为"What is where"，即"何物体在何处"。因此，在计算机视觉研究中，物体检测是最基本的视觉问题之一，也是物体跟踪、行为分析等其他高层视觉任务的基础。物体检测在现实场景中也有着非常重要的应用，如视频监控、无人驾驶等。在实际应用中，物体检测往往面临诸多挑战，如图像的光照条件、拍摄视角及距离、物体自身的非刚性形变以及遮挡等因素都会给检测算法带来极大困难。为解决上述问题，学者在特征提取、模型设计及分类器学习等方面做了大量研究工作。

传统经典物体检测算法使用滑动窗口的方式，将不同尺度大小的窗口滑动到待检测图像的不同位置，然后提取图像特征并判断窗口内是否含有待检测物体。为解决物体自身的非刚性形变问题，Felzenszwalb 等人提出了物体检测的里程碑式方法——形变部件模型（Deformable Part Models），并采用隐支持向量机模型（latent SVM）对物体部件的空间配置进行建模，从而取得 2007 年国际计算机视觉权威竞赛 PASCAL VOC 物体检测比赛冠军。国内，中科院自动化所 Zhang 等人于 2011 年在形变部件模型的基础上，提出提升局部结构 HOG-LBP（Boosted Local Structured HOG-LBP）特征，利用 Gentle Boost 选择一部分 LBP 特征与 HOG 特征融合，有效地提高算法的检测性能，所在团队在 2010 年 PASCAL VOC 物体检测比赛中取得冠军，并在 2011 年蝉联冠军。

传统的检测算法通常使用 Harr、SIFT、HOG 等手工设计的局部特征，并采用 Adaboost、SVM、Random Forests 等分类器。受限于特征的表达能力及分类器的判别能力，传统检测算法在现实场景的鲁棒性能并不理想。自 2012 年深度学习方法在 ImageNet 物体分类竞赛上斩获成功后，基于深度学习的物体检测算法也开始大放光彩。深度神经网络能有效地从原始海量数据集里学习层级化的特征表达，且不需要太多人工干预。近年来，为充分利用神经网络的特征学习能力及判别能力，学者提出了诸多检测框架，物体检测性能也因而不断地被刷新。总的来说，基于深度学习的物体检测算法可大致分为三大类：基于区域候选模型、基于回归模型和基于注意机制模型。下面将对三类算法的发展进行归纳梳理。

基于区域候选模型先通过区域候选（Region Proposal）产生感兴趣区域，再对感兴趣区域进行特征提取、判别及检测等操作。Girshick 等人在 2014 年提出的 R-CNN 是基于区域候选模型算法的开山之作，为避免低效的滑动窗口操作，其利用选择搜索（Selective Search）产生候选区域，接着利用 CNN 提取特征，最后通过 SVM 分类器进行判别并使用回归模型回归检测框位置。为解决 R-CNN 中对候选区域提取特征时带来的重复计算问题，Fast R-CNN 借鉴了空间金字塔池化网络（Spatial Pyramid Pooling Network，SPP-net）的思想，在 CNN 特征图上使用感兴趣区域池化操作对候选区域提取固定长度的特征表达，从而有效避免重复使用 CNN 模型提取特征所产生的消耗。对于 Fast R-CNN，其产生候选区域时使用的选择搜索方法成为制约其速度的主要瓶颈。为解决这个问题，Faster R-CNN 引入区域候选网络（Region Proposal Network）直接预测候选区域，从而进一步地提升算法速度。Faster R-CNN 也成为后续检测任务的基础框架之一，Dai 等人在此基础上，提出 R-FCN 检测网络，通过使用位置敏感分数图（Position-sensitive Score Map）同时学习模型的位置可变性和位置不变性。最近，He 等人在 Faster R-CNN 的基础上提出了 Mask R-CNN，将检测任务和实例分割任务充分整合到同一个框架中。

上述基于区域候选模型通常采取两阶段检测的策略，即先提取候选区域，再进一步进行检测操作。而基于回归模型通常采取单阶段检测的策略，使用回归的思想，直接对给定图片的多个位置上回归目标的边框及类别，因而有着更快的检测速度。Redmon 等人提出的 YOLO 框架使用 CNN 直接回归目标物体的置信度、类别及边框坐标信息，将目标检测任务转换成回归问题，大大提升了检测速度，使其算法应用在实时场景中。此外，YOLO 进行边框回归时使用的是全局信息，因而有着更低的假阳性输出。Liu 等人提出的 SSD 框架结合 YOLO 的回归思想和 Faster R-CNN 中的锚边框（Anchor Box）思想，并在多个尺度的特征层上进行预测，从而提升小目标物体的检测效果。总的来说，SSD 的检测精度与 Faster R-CNN 等两阶段方法相当，并保持了较快的检测速度。Lin 等人提出的特征金字塔网络（Feature Pyramid Network，FPN）进一步融合低层特征高分辨率信息和高层特征的语义信息，以提高小目标物体的检测精度。最近，Lin 等人在结合 FPN 和 ResNet 的基础上提出 RetinaNet，通过聚焦损失（Focal Loss）更好地挖掘难样本，使其检测精度超越两阶段方法的同时，检测速度也和单阶段方法媲美。

基于注意机制模型则通过聚合网络的弱预测信息，最终得到物体的检测框位置。Yoo 等人提出的 Attention Net 属于此类方法的代表，其利用 CNN 作为注意网络，迭代调整物体检测框的移动方向，最终收敛得到的位置即物体检测结果。通过这种方式，Attention Net 将检测问题转化为分类问题。另外，深度强化学习方法作为决策器也以类似的方式被应用到物体检测问题上。国内，中科院自动化所 Cao 等人于 2015 年提出的侧抑制卷积神经网络，通过选择性目标注意的方式在显著性物体检测上取得良好效果。

（二）物体分割

图像是人类信息传递的重要媒介，通常图像中只有部分物体是我们需要的，如何将目标从图像中分割出来，物体分割技术则是用来解决这个问题。物体分割是图像处理与计算机视觉领域的基础性工作，目的是将图像划分成若干个不重叠的子区域，使每个子区域具有相似性、不同子区域有明显的差异。物体分割是物体分析中一个非常重要的预处理步骤，分割效果会直接影响到后续任务的开展，其研究从 20 世纪 60 年代开始，至今仍是人工智能领域和计算机视觉领域的研究重点，在指纹识别、行人检测、机器视觉、医学影像等众多领域都有广泛应用。传统的物体分割法主要包括：基于阈值的分割方法、基于区域的分割方法与基于边缘检测的分割方法等。基于阈值的分割方法，首先将图像划分成背景区域与目标区域，根据图像灰度直方图信息获取分割阈值实现分割。目前普遍使用的阈值算法主要包括：模糊集法、最小误差法等，但基于阈值的分割方法易受噪声影响，很难找到合适的分割阈值。基于区域的分割方法则利用局部空间信息进行区域分割，将具有相似特征的像素组成一个区域，目前常用的基于区域的分割方法有：区域分裂合并法和区域增长法。区域分裂合并法先将图像划分为子区域，基于某种准则进行区域分裂、合并；区域增长法先在各个子区域中找到单 / 多个种子像素点，将其作为生长的源点，基于某种准则分组源点相邻像素，直到出现不能再归并的点。基于边缘检测的分割方法，首先检测边缘像素，再将边缘像素连接起来构成边界形成分割。基于边缘的分割方法首先检测出图像中的边缘信息，再将检测到的边缘信息连接起来形成分割边界。

2000 年后，主流的物体分割方法是以图像特征为依据，基于内容的图像分割，主要可以分为以下三种方法：基于图论的分割方法、基于像素聚类的分割方法、基于语义的分割方法。基于图论的分割方法，将图像中的像素看作图的节点，建立有权无向图，将物体分割问题转化为图论中的顶点划分问题，并根据最小剪切准则来进行分割优化。基于像素聚类的分割方法将相似性作为分类标准，将具有相似特征的像素划分为同一类，从而实现物体分割。基于图论和基于像素聚类的方法采取无监督学习的方式，都属于超像素方法，该类方法得到的图像块中可以包含单个像素而不包含的图像信息，显著提高了后续处理效率，但基于图论和基于像素聚类的方法只利用了颜色、纹理等低层特征信息，分割准确率较低。因此，研究者提出了基于语义的分割方法，通过引入中高层的语义信息来辅助物体分割，极大地提升了分割准确率。

目前每年的 CVPR、ICCV 和 ECCV 等视觉国际顶会上，与物体分割相关的话题层出不穷，R.Girshick 等人于 2014 年提出了 R-CNN（Regions with CNN），同年，Hariharan

等人提出了 SDS（simultaneous detection and segmentation）方法，用于物体目标检测和语义分割。He 等人在 R-CNN 卷积层之后引入空间金字塔池化层（spatial pyramid pooling，简称 SPP），接收任意尺寸的输入图像并生成固定长度的特征向量，有效地突破了区域变换的限制，而且该方法不需要从原图中提取特征，可以从卷积图中提取特征，不需要重复性地对重叠区域进行费时的卷积操作，大大提升了算法效率。2015 年，Girshick 等人进一步提出了 Fast R-CNN，该方法可以将候选区域映射到 CNN 最后一个卷积层的特征图上，从而确保每张图片只提取一次特征，提高运行效率。针对特征的尺度维度问题，2016 年，Chen 等人在 FCN 架构中引入注意力模型（Attention Model）。2016 年，为解决非可控场景下虹膜图像分割，中科院自动化研究所 Liu 等人提出一种多尺度的全卷积网络，可解决虹膜图像模糊、遮挡、斜眼、形变等复杂的问题。实验结果表明，该方法不仅适用于可见光下采集的虹膜图像，同时适用于近红外光下采集的虹膜图像，均显著地提高了虹膜图像的分割精度。2018 年，Kirillov 等人提出了用全景分割（Panoptic Segmentation，简称 PS）来生成统一的、全局式的分割图像，该方法为图像中的每个像素都分配一个语义标签和一个实例 ID。有同样标签和 ID 的像素归为同一对象；在检测不规则事物（stuff）时，可忽视实例 ID。

目前物体分割一直是图像处理、计算机视觉领域的研究热点，针对图像分割的研究虽然取得了大量的成果，但仍存在不少问题亟待研究，如高性能低复杂度的超像素算法、针对弱标注信息的语义分割算法、交互式物体分割算法等。

（三）物体分类

物体分类的任务是指判断一幅图像中物体的具体类别。作为模式识别研究领域的一个经典问题，物体分类是图像检索、场景理解、行为识别等一系列计算机视觉问题的基础。其难点主要在于在复杂的自然场景下目标物体的类内差异大（物体可能包含形态各异的子类），自身变化多（个体的尺寸、姿态不一），成像条件不同（图像的分辨率、拍摄的视角和光照等）。近年来，随着深度学习模式在识别领域的成功应用，物体分类问题得到了突飞猛进的发展。自从 2012 年 Krizhevsky 等人将卷积神经网络（CNN）应用到物体分类中并获得了巨大的成功，基于 CNN 的模型研究成为物体分类领域的主流方向。He 等人提出的残差网络模型（ResNet）获得了机器视觉领域的顶级会议"计算机视觉和模式识别"（CVPR）2016 年的最佳论文奖，并且其理论被广泛地应用于各类计算机视觉问题中。随后 Huang 等人提出的 DenseNet 获得了 2017 年的 CVPR 最佳论文奖，并且进一步促进了物体分类研究的发展。在一年一度的物体分类竞赛（PASCAL VOC 竞赛和 ImageNet 竞赛）上，全球众多机构参赛，新的理论和模型层出不穷。在 2016 年 ImageNet 竞赛上，Trimps-Soushen 等人获得冠军，将最低前五类错误率降至 2.99%。在 2017 年，冠军由 Hu 等人摘得，所提出的 Squeeze and Excitation Net 将最低前五类错误率降至 2.25%。迄今为止，物体分类算法的性能已经超越训练有素的人工团队。

当前的物体分类领域的研究重点在于对更大规模数据集的分类。为此 Chollet 等人收集了一个包括三亿五千万张、一万七千类图片的巨型数据集（图片数量约是 ImageNet 数据全集的 20 倍）。此外，除了物体分类问题，场景分类也逐渐受到了人们的广泛关注。

（四）三维计算机视觉

计算机视觉的主要研究目标之一就是从对周围世界的二维观测中恢复其三维结构，因此，三维计算机视觉一直是计算机视觉领域的重要分支，其主要研究内容包括物体二维图像和三维信息的关联学习、三维视觉定位和三维重建等。

到目前为止，在计算机视觉领域，我们已经基于二维图像在输入的分类、检测和分割等问题的研究上取得了长足的进展，但是在从（多视角）二维图像中获取三维信息的研究才刚刚起步。这部分研究不但同三维重建等问题密切相关，而且在三维信息的辅助之下，我们对二维图像的理解也将更加准确。

在从二维图像恢复物体的三维表示方面，3D-R2N2 是一个有代表性的工作。该方法使用对象实例任意视角的单个或多个二维图像，以三维占据网格的形式重建对象，从而学习到二维成像和三维形状之间的映射，无须物体类别标注。PRGA 是一个学习三维体素（voxel）信息与二维投影成像之间关联代表性工作。该算法利用生成对抗网络（Generative Adversarial Networks，GANs）生成物体的三维表达，并在此基础上利用投影模块和给定的视角投影得到二维图像。人脸和人体作为计算机视觉领域最重要的研究对象之一，其在三维空间中的结构推断和姿态估计也是近些年的研究热点。从 2016 年开始，COCO 数据集每年都会举行人体关键点检测竞赛，汇集了该领域大量优秀的研究，比较有代表性的研究有 PAF 和 SMPL。人脸关键点检测是计算机视觉中的经典问题，研究其三维结构有助于在头部姿态较大和有遮挡的情况下取得鲁棒的检测结果，具有代表性的是 Tulyakov 等人在这方面的工作。

二维图像的本质是三维场景在成像平面上的投影，三维视觉定位问题就是从二维图像中推断相机和景物的相对位置。Wu 等人在 2018 年对三维视觉定位问题的研究进行了详尽的分类和综述。

在三维视觉定位问题中，按照三维场景中的点是否已知，可以将此类问题分为两大类。如果三维空间中目标点的空间坐标已知，则视觉定位问题可以归结为二维到三维的数据匹配问题。在小场景中，这类问题常被称为 PnP（Perspective-n-Point）问题，近些年，相关的研究工作集中在寻找更优的解法上；在大场景情形下，近几年的研究热点主要聚焦在利用深度模型进行异质数据的匹配问题上，Piasco 等人在 2018 年对这些研究工作进行了综述。

三维重建指从二维图像恢复成像时相应场景的三维结构，是计算机视觉领域中一个经典问题。近年来，数码相机、街景车和无人机等设备的发展使海量高分辨图像的获取成为可能；同时，GPU 等计算资源的性能提升大幅提高了数据依赖性高、表达能力强的深度学习模型的训练效率。因此，如何通过这些数据和模型构建我们身边的三维世界成为计算机视觉研究者关注的热点。

总的来说，大场景图像三维重建系统一般由相机参数标定、稠密点云重建和点云模型化三个部分组成。大场景相机参数标定通常利用特征点在不同图像中的匹配关系，使用从运动恢复结构法（Structure from Motion，SfM）进行计算。SfM 以特征点三维坐标的重投影误差最小化为目标函数，通过光束法平差（Bundle Adjustment）进行非线性优化求取相机内外参数（焦距、主点、畸变参数、位姿等）和特征点三维坐标。近年来，SfM 的研究主要可以分为增量式、全局式和混合式，Ozyesil 等在 2017 年对 SfM 的研究工作进行了综述。

在获得每幅图像的相机内外参数后，三维重建系统会计算图像中每一像素点对应的空间坐标，进而获得场景可视表面的稠密空间点云。现有的大场景稠密点云重建方法一类是将稀疏空间特征点进行局部扩散获得稠密点云；另一类是通过立体匹配方法在每一幅图像上计算深度图，并将深度图在空间进行融合获得稠密点云。在点云处理方面，Kelly 等人和 Musialski 等人的研究工作极具代表性；在深度估计方面，Godard 等人利用左右视图时差的一致性进行深度计算，Zhou 等人同时对当前帧的深度和相邻帧的相机相对姿态进行估计，He 等人将焦距信息以全连接层的形式嵌入全局特征网络中以消除焦距对深度估计的歧义性。

三维重建的最后一个关键步骤是将稠密点云模型化获得最终的参数化三维模型，可以使用通用的点云三角化方法，也可以利用场景先验信息建立更具结构性的三维模型。Musialski 等人在 2013 年对三维模型参数化的研究进展进行了综述。

（五）视频分析与监控

与静态图像相比，视频中包含的运动信息为人类的视觉模式识别提供了非常重要的线索，因此，视频分析与监控一直是计算机视觉研究中的一个重要议题。视频分析（Video Analysis，VA）借助计算机视觉、机器学习、模式处理等方法，对视频序列进行无人工干预的自动分析处理，进而达到提取视频场景中关键信息的目的。业界将应用了视频分析技术的视频监控称为智能视频监控（Intelligent Video Surveillance，IVS）。智能视频监控包括在底层上对动态场景中的感兴趣目标进行检测、跟踪，在中层上提取运动目标的各种信息进行目标分类和个体识别，在高层上对感兴趣目标的行为完成行为/姿态识别、分析和理解。智能视频监控技术可以广泛地应用于公共安全监控、工业现场监控、交通状态监控等各种监控场景中，实现犯罪预防、交通管制、意外防范和检测等功能。随着计算机视觉技术的发展和硬件设备的不断升级换代，视频分析与监控技术处于飞速发展时期，涌现出一系列创新成果。但在真实场景中，由于受光照、拍摄角度、遮挡、姿态变化等因素影响，运动目标跟踪本身就是一个极具挑战的研究问题，而如何在中层特征如轨迹、人体形状等无法鲁棒抽取的情况下进行高层语义行为识别也变得更为迫切。

目标检测是从视频或者图像中提取出运动前景或感兴趣目标。根据处理的数据对象的不同，目标检测可以分为基于背景建模的运动目标检测方法和基于目标建模的检测方法。

根据背景建模的不同方式，可以把运动目标提取方法归纳为三类：第一类是基于统计的方法。这类方法充分地利用了像素的统计特性对背景图像进行建模。第二类是基于分类的方法。该方法把运动目标提取看作一个二分类问题。第三类基于子空间的方法把运动前景或背景看成低维空间的一个重构目标。基于背景建模的检测方法只适用于固定摄像机拍摄的场景，当固定场景中干扰因素较多时，算法性能也会受到极大影响。基于目标建模的检测方法一般采用滑动窗口的策略。根据建模的方法不同，基于滑动窗口的目标检测主要分为刚性全局模板检测模型、基于视觉词典的检测模型、基于部件的检测模型和深度学习模型。基于目标建模的前景提取方法不受应用场景的限制，但在应用过程中，由于需要训练不同分类器，同时采用滑动窗口策略，在时间和人工方面消耗较大，在要求实时性的系统中难以应用。在 2017 年的 ILSVRC 中，帝国理工大学和悉尼大学所组成的 IC & USYD 团队在各个子任务和排序上都取得了最优的成绩。该团队在视频目标检测任务中使用了流加速（Flow acceleration），并且最终的分值也是适应性地在检测器（detector）和追踪器（tracker）选择。同时奇虎 360 提出的 NUSQihoo-UIUC_DPNs（VID）在视频任务中取得较好性能。他们在视频目标检测任务上的模型主要是基于 Faster R-CNN 并使用双路径网络作为支柱。他们采用了三种 DPN 模型（即 DPN-96、DPN-107 和 DPN-131）和 Faster R-CNN 框架下的顶部分类器作为特征学习器。他们团队单个模型在验证集最好能实现 79.3%（mAP），此外他们还提出了选择性平均池化（selected average pooling）策略来推断视频情景信息，该策略能精练检测结果。

目标跟踪用来确定我们感兴趣的目标在视频序列中连续的位置，是智能视频监控的关键环节。目标跟踪在实际应用过程中，会受到环境光照变化、目标遮挡、目标形变、周围环境干扰、摄像头角度变化等多方面的困难和挑战，国内外专家对相关领域开展了大量的研究，并提出了多种具备良好性能的跟踪算法，如 TLD（Tracking Learning Detection）tracker、光流法、Mean Shift 方法和 KCF（Kernelized Correlation Filters）方法。作为视觉跟踪领域的最高峰，Visual Object Tracking Challenge（VOT）是国际目标跟踪领域最权威的测评平台，由伯明翰大学、卢布尔雅那大学、布拉格捷克技术大学、奥地利科技学院联合创办，旨在评测在复杂场景下单目标短时跟踪的算法性能。VOT 2017 结果显示，目前跟踪算法的主流方法主要分为三种：一是传统的相关滤波方法；二是基于卷积神经网络方法；三是深度卷积特征和传统的协同滤波相结合的方法。其中，使用深度卷积特征和协同滤波结合的方法效果最好。例如，VOT 2017 第一名是大连理工大学卢湖川团队的 LSART，他们提出的追踪器以一种新的方式结合了 CNN 和相关滤波，通过设计算法让 CNN 专注于特定区域的回归，相关滤波专注于全局的回归，在最后对回归的结果进行组合，以互补的方式得到物体的精确定位。未来的视觉追踪方向应该会更加关注实时性和训练的便捷性，端到端训练的追踪器会更多涌现，让 CNN 能够完全在视觉追踪领域发挥功效。

行人重识别，也称为行人再识别，简称为 ReID，是利用计算机视觉技术判断图像或者视频序列中是否存在特定行人的技术。广泛被认为是一个图像检索的子问题。给定一个监控行人图像，检索跨设备下的该行人图像。最近几年受益于深度学习的发展，ReID技术也取得了不少突破性的进展。ReID方法大致可以分为基于表征学习的方法、基于度量学习的方法、基于局部特征的方法、基于视频序列的方法和基于GAN造图的方法。He等人提出了一种基于全卷积网络的方法来快速且精确地处理部分行人再识别的问题；Huang等人提出了一种特殊的样本来扩充数据集：对抗式遮挡样本，来提高模型的泛化能力；Song等人设计了一种基于分割轮廓图的对比注意模型来学习背景无关的行人特征，以达到去除背景的目的；旷视科技Face++的研究团队提出了一种通过动态对准（Dynamic Alignment）和协同学习（Mutual Learning），然后再重新排序（Re-Ranking）的方法，使机器在Market1501和CUHK03上的首位命中率分别达到了94.0%和96.1%。

　　行为识别是计算机视觉的一个关键问题，在智能监控、视频序列理解等领域具有重要的应用。在深度学习出现之前，IDT（improved dense trajectories）是当时效果最好、可靠性最高的方法。深度学习发展起来之后，代表性的方法有：Two Stream Network及衍生方法、C3D（Convolution 3 Dimension）和RNN方法。最近的一些工作包括，中科院自动化所Du等人提出的一种针对行为识别的特征生成方法，汤晓鸥团队设计的一种基于骨架图完成行为识别的空间时间卷积网络（ST-GCN）等。目前比较常用的数据库有HMDB51、Kinetics，最近又涌现出一些比较大的数据库。行为识别虽然研究多年，但是大多数情况下还是集中于对预先分割过的短视频进行分类，而且当前大规模行为数据库样本大多来自互联网采集，如一些电影片段、体育视频以及用户上传视频，行为识别的研究仍处于实验室数据集测试阶段，实现真正的实用化和产业化仍有许多挑战需要解决，尚有许多工作需做。

　　除了深度神经网络外，生成对抗网络近些年在图像合成、图像修复、图像压缩、图像识别等计算机视觉问题取得成功应用，成为研究热点。

二、模式识别

（一）特征表示与学习

　　特征表示与学习一直是模式识别的核心问题之一。如何高效地获取鲁棒的特征表示是机器学习算法的关键。

1.稀疏表示

　　稀疏表示，即用尽量少的基本信息的线性组合来表达整体信息。大量生理学研究表明，人类视觉皮层对外来刺激的理解符合稀疏编码原则。近年来，稀疏表示技术得到了学术界的广泛关注，已经成功地应用到了模式识别领域。2009年马毅等人将稀疏性引入人脸识别领域，并提出了基于稀疏表示分类（Sparse Representation-based Classification，SRC）的人脸识别方法，大大提升了人脸识别的准确性。该方法提出了稀疏人脸表示，即对于一张给定的人脸图片，可以使用数据集中所有人脸图像的稀疏线性组合来描述，除了图片 A 以及与 A 身份相同的图片的系数不为 0，其余图片的系数全部为 0。2011 年，Elhamifar 等人将结构稀疏性引入 SRC 方法，并进一步提出了结构化稀疏表示分类。Yang 等人提出了可通过求解 L1 范数得到稀疏系数。然而通过 L1 范数优化问题的计算效率太低，且对复杂的噪声不够鲁棒，因此，Yang 等人提出了正则鲁棒编码（Regularzed Robust Coding，RRC）。与此同时，He 等人采用分而治之的策略，提出了基于半二次最小迭代的鲁棒稀疏表示方法，进一步提升人脸识别对复杂噪声的鲁棒性。除了人脸识别外，近年来，稀疏表示也被成功地应用到了图像去噪、图像修复、压缩感知、目标跟踪等领域。

2. 低秩分解

在图像处理领域，如何将高维数据映射到低维空间是一项长期存在的艰巨任务。主成分分析（Principal Component Analysis，PCA）是最重要的降维技术之一，它将 n 维特征映射到 k 维正交特征中（n > k），希望新构造 k 维特征（主成分）可以尽可能多地代表整个 n 维特征。由于主成分分析法对非高斯噪声信号的去噪效果并不理想，Candes 等提出了鲁棒主成分分析模型（Robust Principal Component Analysis，RPCA）。该方法假设污染（噪声、光照、表情、遮挡等）是稀疏的，而需要保留的人脸结构特征是低秩的，并在此基础上进行数据矩阵分解，最终取得了重要突破。Liu 等在 RPCA 的基础上提出了低秩表示子空间聚类方法，该方法假设表示系数矩阵是低秩的。之前的方法均假设残差像素是独立同分布的，忽略了残差像素之间的关系，Chen 等人通过假设噪声服从矩阵变量分布，提出了矩阵变量稀疏表示方法，更好地建模了残差像素间的结构信息。Zhang 等人提出了基于双核范数的矩阵分解方法（Double Nuclear norm-based Matrix Decomposition，DNMD），该方法假设有效数据与噪声均是低秩的，该方法可以更直观地描述遮挡等噪声。

3. 深度特征表示

近几年，新兴的深度学习旨在研究如何从数据中自动地提取多层特征表示，其核心思想是通过数据驱动的方式，经过一系列非线性变换，从原始数据中提取低层—高层、具体—抽象、一般—特定语义的特征。目前，基于深度学习的特征表示方法主要可以分为三种：低层视觉特征、中层语义属性、显著特征选择。低层视觉特征广泛地应用于目标检测、目标识别、图像检索、分类、视频检索等多种计算机视觉研究中，该方法通常将图像划分成多个区域，对每个区域提取多种不同的低层视觉特征，再将其融合成更为鲁棒的特征表示模型。常用的低层视觉特征包括：纹理特征、颜色直方图以及局部特征。基于中层语义属性的特征表示和学习方法主要有以下优势：在某些场景下，图像的语义信息可以保持基本不变；语义属性更加贴近人类的认知，更符合人脸的需求；更有利于人机交互的实现。2017 年，Pohlen 等人提出了 Full-Resolution Residual Networks（FRRN）网络结构，该方法结合了低层视觉特征与高层视觉特征，使用两条数据流：一条负责传递全分辨率信息；另一条经过一连串池化操作获取语义信息，两条通过 FRRN 模块融合到一起，最终 FRRN

网络在 City Scapes 上获得较好结果。2018 年，Du 等人提出一种基于类脑智能的无监督的视频特征学习和行为识别的方法，该方法通过模拟视觉皮层中表面区域的结构来实现视频语义理解。通常情况下，不同的特征具有不同的作用，对此，有学者提出提供特征选择技术提升特征表示的性能。特征选择，即从原始特征集合中选择使评价准则最大化的最小特征子集，从而减少原始数据获取时间，压缩数据存储空间，提高分类模型可解释性，获得更快的分类模型，同时也有助于对数据、知识进行可视化。Pes 等人设计了一种集成框架，首先对训练样本进行 Bootstrap 抽样，然后在抽样数据上进行特征选择，最终中值法、均值法和指数法三种策略集成特征选择结果。

（二）聚类

聚类是一个将数据集划分为若干组或簇的过程，使同一类的数据对象之间的相似度较高，而不同类的数据对象之间的相似度较低。聚类问题的关键是把相似的事物聚集在一起。作为模式识别与数据挖掘中应用很广泛的方法之一，聚类分析能作为一种独立的工具来获得数据分布的情况，观察每个簇的特点，并对某些特定的节点进一步分析。此外，聚类还可以作为其他方法的预处理步骤。作为统计学的一个分支，聚类分析已经被广泛地研究若干年，主要集中在基于距离的聚类分析。数据聚类正在蓬勃地发展，并且已经成为一个非常活跃的研究课题。新发展的聚类算法主要包括以下几个种类。

1.基于模糊的聚类方法

该方法把聚类归结成一个带约束的非线性规划问题，通过优化求解获得数据集的模糊划分和聚类。该方法设计简单，解决问题的范围广，还可以转化为优化问题而借助经典数学的非线性规划理论求解，并易于在计算机上实现。因此，随着计算机的应用和发展，基于目标函数的模糊聚类算法成为新的研究热点。在基于目标函数的聚类算法中，模糊 C 均值聚类（Fuzzy C-Means，FCM）类型算法的理论最为完善、应用最为广泛。

2.基于粒度的聚类方法

如果从信息粒度的角度来看，就会发现聚类和分类的相通之处：聚类操作实际上是在一个统一粒度下进行计算的；分类操作是在不同粒度下进行计算的。在粒度原理下，聚类和分类的相通使很多分类的方法也可以用在聚类方法中。作为一个新的研究方向，虽然目前粒度计算还不成熟，尤其是对粒度计算语义的研究还相当少，但是相信会随着粒度计算理论本身不断的完善而发展。

3.量子粒度

该方法把聚类问题看作一个物理系统，其很好的例子就是基于相关点的 Pott 自旋和统计机理提出的量子聚类模型。并且许多算力表明，对于传统聚类算法无能为力的几种聚类问题，该算法都得到了比较满意的结果。

4. 谱聚类

为了能在任意形状的样本空间上聚类，且收敛于全局最优解，学者们开始研究一类新型的聚类算法，称为谱聚类算法（Spectral Clustering Algorithm）。谱聚类算法最初用于计算机视觉、VLSI 设计等领域，最近才开始用于机器学习中，并迅速成为国际上机器学习领域的研究热点。

（三）分类器学习

1. 卷积神经网络体系

卷积神经网络是发展最为深入的深度学习网络。卷积神经网络的结构特点更适合解决图像领域问题。通过对其结构的不断研究和改进，形成了一系列网络模型，在实际应用中取得成功。一方面，创造性地提出增加跳跃连接结构，克服深度训练难题，增加网络深度。深度学习的学习能力通过深度得以提高，但是深度的增加不仅带来参数激增、数据量增大，而且造成训练过程中反向传播困难。突破深度限制是未来深度学习发展的必然趋势。网络结构加深提升准确率，验证了深度学习网络的深度价值和潜力。另一方面，改变卷积神经网络结构，典型的包括全卷积网络（Fully Convolutional Networks，FCN）。FCN 去掉网络中的全连接层，全部利用卷积结构进行处理数据，使图像级理解上升为像素级理解。全连接结构参数占主要部分，且运算耗时，全卷积网络可以满足实时性要求，目前涌现一大批基于 FCN 的研究方向，主要有边缘检测、视觉跟踪、图像分割等。

2. 栈式自编码网络体系

基于自编码的深度学习体系也在不断丰富，常用的有稀疏自编码器（sparse auto-encoders，SAEs）、降噪自编码器（denoising auto-encoders，DAEs）和收缩自编码器（contractive auto-encoders，CAEs）。稀疏自编码器通过稀疏限制，即控制神经元大多数时间处于抑制状态，来对无标记数据进行学习，得到的特征往往优于数据的原始表达，在实际应用中取得更好的结果；降噪自编码器通过在原始数据加入随机噪音来使网络学习添加了噪声的数据以提高学习能力；收缩自编码器通过在损失函数加入惩罚项，增强特征学习的鲁棒性。

3. 递归神经网络体系

RNN 网络重视反馈作用，并储存当前状态和过去状态的连接，适用于文本、语言等时间序列特征明显的数据处理。针对传统 RNN 网络存在问题，提出长短期记忆神经网络（long short-term memory，LSTM）适用于处理和预测时间序列中间隔和延迟非常长的问题，在预测文本和语音识别中表现优异；GRU 模型是 LSTM 模型的改进，在实际应用过程中，更具有竞争力，性能更稳定。

（四）多分类集成学习

集成学习（Ensemble Learning）是机器学习最基本的方法之一，曾被列为机器学习四大研究方向之首，广泛应用于生物特征识别和计算机视觉等问题中。集成学习的基本原理是利用一系列简单分类器进行学习，并使用某种规则（逻辑回归、Stacking 方法等）把各分类器的结果进行整合，取长补短，从而获得比单个分类器更好更全面的分类效果。在实际应用问题中，通常使用多分类器集成学习来获得鲁棒的分类结果，数据科学竞赛平台 Kaggle 上各项比赛的冠军也通常由多分类器集成模型获得。在本节中，我们将介绍最近几年多分类器集成学习研究在理论分析与算法设计方面的主要代表性进展。

1. 理论研究

近年来，有关多分类器集成学习的理论研究主要包含以下几个方面：可学习性、泛化性和一致性。可学习性刻画了一个多分类器学习问题能否通过学习得到最优分类器；泛化性刻画了从已有数据中建立的模型能否很好地处理新的数据；一致性研究通过凸优化获得的分类器是否为多分类学习的最优分类器。

随着近几年深度学习的快速发展，集成学习理论也被广泛应用于深度学习模型的研究中。Dropout 是在训练深度模型时常用的操作，其原理是按照一定的概率暂时将某个神经元从网络中剔除，从而达到防止过拟合的效果。Hinton 等人指出 Dropout 操作相当于从完整的网络中随机提取出一个子网络进行训练，从而整个训练过程可以看作在指数数量级个子网络的集合上进行的，所以，可以把 Dropout 操作理解成集成学习的近似。

多分类器集成理论也被用于残差网络（Residual Networks，ResNet）结构的理解和解释。康奈尔大学的 Serge Belongie 团队提出，ResNet 从网络结构的角度可以理解成指数数量级的浅层分类器网络的集成，并且用实验证明去掉 ResNet 中的某几层或者随机对某几层的权重进行随机重组并不会显著影响其精度（相对于非残差网络而言），与集成模型对子分类器性能的鲁棒性相对应。

2. 算法设计

在集成学习数十年的发展历程中，形成了多种多分类器集成的方法，其中有代表性的算法包括 Bagging 算法、Boosting 算法和基于深度学习模型的算法。

为了使各个子分类器尽可能地独立并具有较大差异，除了使用不同的算法来进行训练，还可以使用相同的算法在训练集的不同随机子集上进行训练，这就是 Bagging 算法的核心思想。Bagging 是 Bootstrap Aggregating 的简写，该方法首先利用 Bootstrap 方法从整体训练集中有放回地进行抽样得到多个子训练集，并在每个子训练集上训练一个模型，并综合各个模型的输出得到最终结果。随机森林（Random Forests）算法对 Bagging 进行了拓展，在随机训练数据选择的基础上加入了随机属性选择，增加了决策树之间的多样性，提高了整体模型的鲁棒性。

与 Bagging 算法不同，Boosting 算法的核心思想是首先用原始样本训练一个子分类器，再根据子分类器的分类准确率对各个训练样本的权重进行调整，使先前错分的训练样本在后续学习过程中得到更多的关注，然后，基于权重调整后的样本集来训练下一个子分类器，如此重复进行，直至子分类器数目达到事先设定的数量，最终将这些子分类器进行加权结合。经典的 Boosting 算法主要包括 AdaBoost（Adaptive Boosting）和梯度提升决策树（Gradient Boosting Decision Tree）。近年来，在 Boosting 算法方面的优秀研究工作主要包括基于特征互享 ShareBoost 多分类学习算法、基于非对称基学习器 Boosting 多分类算法、在线 LPBoosting 多分类学习算法和代价敏感 Boosting 多分类学习算法等。

近年来，随着深度学习的迅猛发展，多分类器集成学习的思想也逐渐在深度学习研究中得以应用。集成学习理论为深度学习模型的理解提供了新的思路，同时也在深度学习模型的设计与性能改进方面起着指导作用，例如，利用 Boosting 理论和集成学习的思想对 ResNet 网络结构进行改进。除此以外，GPU 等计算资源的快速发展大大提高了深度模型的训练效率，使训练若干深度模型作为子分类器并对其输出进行融合的方法成为可能，这种思想的语音识别、图像精确分类和时序数据识别等问题的处理中得到了广泛应用。

三、代表性应用领域——生物特征识别

生物特征识别（简称生物识别）是指计算机通过获取和分析人体的生理和行为特征，实现自动身份鉴别的科学和技术。常见的生物特征模态主要包括指纹、虹膜、人脸、掌纹、手形、静脉、笔迹、步态、语音等。生物识别学科和技术领域经过多年的发展，已经积累了丰富的理论和方法，在严格受控的条件下基本上可以正确识别高度配合的用户，但是在数字化生物特征信息获取过程受到内在生理变化（如眨眼、斜视、姿态、表情、运动等）和外界环境变化（如光照、遮挡、距离等）时生物识别的性能急剧下降，不能满足现实世界复杂环境下身份识别的需求，一定程度上制约了生物识别的学科进步、技术推广和产业发展。通过智能化的生物特征图像获取装置和计算机视觉算法以实现从"人配合机器"过渡到"机器主动来配合人"的生物识别新模式是新一代生物特征识别发展的必然方向，当前研究热点和理论创新主要集中在新模态（例如斑痕、指节纹、人耳、脑电 EEG/心电 ECG/肌电 EMG 信号、眼动、击键行为等）、新传感（例如 RGB-D 成像模式的 Kinect、光场相机、3D 人脸和掌纹、非接触指纹仪）、新模型（Sparse Representation、Deep Neural Networks、Generative Adversarial Networks）、新安全（活体检测、模板保护）、新应用（监控场景人脸识别、刑侦应用指纹识别）。

指纹识别作为模式识别领域实用化、商业化最早的方向，一些基础问题已经得到较好的解决。NIST 公布的平面和滚动指纹识别评测结果显示，最优的自动指纹识别系统（AFIS）在检索库容量为 30000 时，误识率（FPIR）为 0.1% 的条件下误拒率（FNIR）达到 1.9%。现场指纹库的评测（NIST ELFTEFS）结果显示，从 10 万指纹库比对 1114 现场指纹，rank1 识别率最高为 67.2%。近些年的热点主要集中在低质量指纹识别尤其是现场指纹识别研究方面。脊线估计方面目前代表性的主要有基于字典学习和卷积神经网络（ConvNet）两种方式。Gabor 滤波器仍是目前最为常用和最有效的指纹增强算法，Kumar 等人提出用一组 Gabor 滤波器的多尺度脊线字典的增强算法。在特征提取方面，Yan 等人提出了一种

提取细节特征、奇异点和脊线方向的有效方法，Min 提出了一种基于卷积网络的细节特征提取方法。

人脸识别的发展初期，主要基于面部关键位置形状和几何关系或者模板匹配的方式。90 年代人脸识别发展迎来了第一个高潮期，最具代表性的是基于人脸的统计学习方法，衍生出来的几个经典算法有子空间学习算法和 AdaBoost 算法等。近些年来，又出现了基于稀疏表达的人脸识别方法、隐马尔可夫模型、哈希人脸识别方法等。特别地，基于深度神经网络的人脸识别方法已成为研究热点。另外，动态人脸识别方法利用时空信息和混合线索等提升人脸识别正确率。汤晓鸥团队提出的 Deep ID 系列模型是基于深度学习的人脸识别算法中代表性的工作之一，Deep ID 的基本思想是结合人脸比对与人脸识别任务。Deep ID 算法首次在 LFW 数据库上达到了超越人眼的水平。山世光团队的工作主要集中在解决非可控场景下的人脸识别任务，他们在视频人脸识别领域发表了多篇文章，前期的文章核心的思想是通过将黎曼空间中的数据点映射到欧式空间，从而可以运用欧式空间中成熟的机器学算法学习分类模型。他们还提出直接在黎曼空间进行度量学习的算法及通过哈希编码进行视频人脸检索的问题。

人脸识别的性能受很多外部环境的影响，如光照、姿态和配饰的变化，其中光照变化对人脸识别的影响最为关键，因此，适应复杂外部光照环境的人脸成像技术成为制约人脸识别技术普及的关键技术。解决光照问题的成像方案主要有三种：主动近红外成像、热红外成像和三维成像。三维人脸识别在近些年获得了较快的发展，三维人脸不仅对光照变化鲁棒，而且可以用于解决姿态变化引起的自遮挡问题。三维人脸识别技术的发展与二维人脸识别技术相互补充，将成为未来人脸识别的主要研究热点。

中国科学院自动化所在人脸图像处理和分析方面取得重要进展，为解决人脸超分辨、年龄老化、大视角姿态问题提供了新途径。Cao 等提出了高保真度人脸姿态不变模型（High-fidelity Pose Invariant Model，HF-PIM），首次实现了分辨率达 256×256 的人脸转正图像。

虹膜识别算法的两个主要步骤是虹膜区域分割和虹膜纹理特征分析。虹膜区域分割大致可以分为基于边界定位的方法和基于像素分类的方法。虹膜纹理特征分析包括特征表达和比对两部分。特征表达方法从复杂的纹理图像中提取出可用于身份识别的区分性信息，其中代表性的工作有基于 Gabor 相位的方法、基于多通道纹理分析的方法、基于相关滤波器的方法、基于定序测量的方法等。特征值的稳定性和区分性是影响特征比对正确率的主要因素。

传统的虹膜识别算法多采用人工设计逻辑规则和算法参数，导致算法泛化性能欠佳，不能满足大规模应用场景。数据驱动的机器学习方法从大量训练样本中自动学习最优参数，可以显著地提高虹膜识别算法精度、鲁棒性和泛化性能。近期成果使用深度卷积神经网络得到了最好的虹膜识别性能。大规模虹膜识别应用带来了许多新的挑战，虹膜特征的快速检索、多源异质虹膜图像的鲁棒识别和虹膜数据的安全保护成为当前虹膜识别的研究难度和热点问题。中国科学院自动化研究所、美国圣母大学等机构在虹膜识别领域开展了大量研究工作。CASIA 虹膜图像数据库在 170 个国家和地区的 2 万多个科研团队推广应用。在算法方面，中国科学院自动化研究所的科研团队从人类视觉机理中受到启发，提出使用定序测量滤波器描述虹膜局部纹理，并设计了多种特征选择方法确定滤波器最优参数；首次将深度学习应用于虹膜识别，提出了基于多尺度全卷积神经网络的虹膜分割方法和基于卷积神经网络的虹膜特征学习方法；探索了深度学习特征与定序测量特征的互补性关系；系统地研究了基于层级视觉词典的虹膜图像分类方法，显著提升了虹膜特征检索、人种分类和活体检测精度。

非接触式远距离的身份识别研究已经逐渐成为一个热门的研究方向。步态识别由于具有可远距离获取、非接触性和非侵犯性、难于隐藏等优点，近年来受到越来越多研究者的关注。其中，中国科学院自动化所先后提出了基于人体剪影分析的步态识别方法，基于形体统计分析的步态自动识别方法，融合基于形状和基于模型的步态识别方法，在利用步态进行性别分类、跨视角步态识别等方面展开了深入研究。近年来又率先将深度学习引入步态识别，提出了一种基于 CNN 的双通道步态识别模型，并取得了跨视角步态识别性能的突破，提高 30% 的准确率，研究成果先后发表在 TPAMI 和 TMM 上。数据库建设方面，于 2001 年构建了国际上第一个多视角步态数据库 CASIA-A，并在 2016 年完成了超大型跨视角跨着装跨场景步态数据库 CASIA-E 的建设工作。

四、发展趋势与展望

计算机视觉和模式识别领域的未来发展趋势主要体现在以下四个方面。

（一）多学科领域知识交叉

多学科交叉在计算机视觉技术的发展中具有重要作用。从大卫·马尔将计算机视觉问题建模为可计算问题以来，计算机视觉技术的发展过程中涉及多种学科思想的融合。将人类的知识作为先验信息引入深度模型作为约束和引导，可以有效地提高模型的泛化性能。计算机视觉作为人工智能的一个分支，从生物视觉和感知研究中借鉴理论方法已经取得了成功。例如，将注意力机制引入到计算机视觉领域，将知识图谱作为辅助信息进行复杂的计算机视觉任务分析等。以多学科交叉为基础的计算机视觉技术研究是未来的必然趋势。

（二）多传感器信息融合

计算机视觉的本质是用机器模拟人类视觉，其输入主要是在可见光波长范围内捕捉到的图像信息。然而，基于可见光的视觉信息容易受到光照等环境因素的影响，对机器视觉算法的表现造成很大影响。因此，集成融合多种其他传感器信息的计算机视觉算法的研究是未来的一个主要研究方向。现有的虹膜识别算法的输入就是在近红外光照射下捕捉到的虹膜图像。此外，热成像和以光场成像、结构光成像为代表的计算成像方法也可以提升计算机视觉输入数据的维度，为更精准的场景感知提供可能。

（三）多任务视觉

在实际应用场景中，多种视觉感知任务往往会同时进行。例如，在无人驾驶领域，物体检测、物体识别、行为预测和路径规划等任务往往需要同时完成。如何针对目标任务对输入数据进行有效表达以高效完成多个简单视觉任务是计算机视觉未来发展的一个主要趋势。

（四）高质量的大规模数据集

目前主流的计算机视觉研究采用的都是基于统计学习的模式识别算法，其根本在于训练数据。深度学习能够在计算机视觉领域取得成功的关键在于其能够从海量的数据中自动提取有效的特征。因此，大量的具有精确标定信息的训练数据集是计算机视觉未来继续发展所必需的。

第五节　计算机发展模式下的视觉传达设计

在大数据的时代背景下，科技进步飞快，计算机技术的发展促进了时代的发展。近年来，人们对于视觉传达设计的要求也有了很大的提升，从最开始的设计到运用于实际产品中，视觉传达实际发生了很大的变化，尤其是在计算机的使用下，设计突破了一些传统设计的局限性，实现了飞跃。本节主要是针对计算机发展模式下的视觉传达设计展开研究，探究在这样的时代背景下发生的变化以及未来的发展趋势。

视觉传达设计一直是社会流行的一种设计模式，近年来，随着计算机网络技术的不断发展创新，视觉传达设计突破了自身的局限性，不仅是在单独的领域内发展，更是做到了与其他领域的完美融合，体现了大数据时代的资源共享性。计算机模式下的视觉传达设计更加注重设计的创新，迎合时代发展的潮流。

一、视觉传达设计的产生以及定义

视觉传达设计这一概念的提出，最早是在 1960 年的日本东京举办的世界设计大会上；之后，随着社会的发展进步以及各种新材料、新思想的投入，这个概念就被广泛地使用，并随着发展，与其他的技术领域也有了更多交汇点。视觉传达设计这一概念至今已被人们广泛使用，并逐渐出现在日常的生产生活中。

视觉传达设计涉及的范围很广，主要包括影视广告设计、平面广告设计、家居设计以及报纸专栏设计，等等，随着网络技术的发展，它将拥有更加广阔的发展舞台。我们现在所说的视觉传达设计概括起来就是对一些信息进行创新设计，设计者利用一些可以观看到的元素信息来表达自己的某种理念，增强艺术特色，让受众可以更为直接地接收到设计者的设计思想，这就是视觉传达设计。

二、计算机模式下视觉传达设计的特点

（一）语言特点

计算机模式下的视觉传达设计，更是体现了与时代的紧密融合性。由于互联网的普遍应用，视觉传达设计的语言使用也是紧接时代潮流的。从以前的语言特点来说，互联网的使用还不是那么普及，视觉传达设计的语言应用更多的是严谨的、规范化的。在时代进步和科技创新的影响中，视觉传达设计具有视觉语言的虚拟性和计算机的交互性，从而实现的是多维空间的应用和人性化的体验方式，这些特征集结在一起使视觉传达设计的语言的特色更加鲜明，具体体现在以下几方面：首先，视觉传达设计语言的虚拟化。受网络的影响，视觉传达设计可以更多地应用虚拟平台实现多维空间的视觉传达，在这样的环境之下，它的语言更加的虚拟。其次，视觉传达设计语言的人性化。以前的设计者更多是将自己的设计理念传达出去，没有计算机的应用，只是理论知识的投入，设计的时候使用的语言则是严谨的，让人难以理解；随着技术的发展，现代的设计使用语言更多是体现人性，与人们的生活密切相关，语言使用则是更加口语化。其中还有一些社会热词的使用，更加通俗易懂，是注重人的发展的，所以更加人性化。最后，视觉传达设计语言的互通性。在互联网平台上，视觉传达设计不只是局限在某一个特定的领域，设计中有互动性因素的存在，注重信息的流通的品质，为人们提供了许多的服务，它的语言使用是融合了各行各业的语言特色的。还有值得一提的就是视觉传达设计语言还有多维性。在计算机模式下的媒体发展潮流中，多维概念兴起，指的是空间布局的非线性和思维模式的空间立体化状态，语言有很强的互动性，从而使设计更为直观立体，以激发人们的想象力。

（二）传递交流特点

视觉传达设计指的是信息的传递交流过程，在计算机模式下的视觉传达设计，使传播的过程更为主动。是一个由静态变为动态的过程，视觉传达设计具有传播信息的特点，它的传递交流主要体现在以下两个方面：首先是传播的过程是一个从静态向动静结合、灵活应用的转化过程，视觉传达设计通过使用相关的技术，实现的是颜色的夸张化和图片的反差感受，在此基础上，给人一种视觉上的跳跃感，让以前静态的画面更加生动活泼，给人的不只是一个静态的画面感，会让人有动态的视觉效果；然后是视觉传达设计传递交流过程是多元化的过程，传统的视觉传达设计只是通过单一的传播手段，例如，报纸或者是电视，而现在在计算机技术的应用下，网络遍布世界的各个角落，利用计算机来传递交流信息不仅是手段上的多样化，更是体现方式上的一个进步，这体现的更多是技术的进步以及人们的观念的转变。

（三）美感

在现代科技的发展之下，设计者的设计理念不再是实用主义，应该有所转变来迎合大众的审美心理，人们的追求也随着物质生活水平的提高而提高，受众的审美要求是有视觉上的享受，即对一种美感的追求，所以，现代的视觉传达设计应该突破时间和空间的限制，实现设计的跨越性，感受设计的不同风格，给大众一种心灵上的冲击、美的享受。视觉传达设计的美感主要体现在以下两个方面：一是设计理念的美感。设计师在设计的时候，要注重多种元素的结合，以更广阔的视野看待设计，使设计理念在开始的时候就是一种美感的创造。二是视觉呈现的美感。视觉呈现是视觉传达设计最后的表现形式，设计师的作品是要呈现美感的，是符合大众的审美眼光的。

三、计算机模式下视觉传达设计的不足

（一）创新思维运用不足

在现代网络飞速发展、万众创新的时代背景之下，任何的领域都力求创新发展，视觉传达设计也是如此；设计者在设计的过程中也融入了许多的元素，展开了思维的想象，可还是存在许多的不足，有些时候呈现的画面是具有创新感觉的，可是设计理念却没有得到很好的体现，只是注重的视觉呈现的创新；另外，就是设计理念是创新的，可在转化为视觉传达到受众的眼前时，却显得普普通通，没有眼前一亮的感觉。

（二）视觉传达的呈现主题不鲜明

设计师在设计时通常注意的是满足大众的审美眼光，因此，就会出现一些矛盾现象，加上计算机模式下新技术的投入，就会使作品的呈现是良莠不齐的。一切视觉设计表现的只是美感，往往忽视了最初想要表达出来的理念，没有深层次的内涵所在，给人的是一种混沌的感觉，没有鲜明的主题在视觉上的呈现，大众认为这是好的设计，只是它满足了人们对于视觉的享受。

四、视觉传达设计今后的发展方向

视觉传达设计在计算机的广泛使用下，会朝着数字化、多元化、多维化的方向发展，不仅是观念上的创新，更是视觉呈现的新鲜感，两者的完美结合，才能使视觉传达设计达到创新发展；此外，视觉传达设计的发展还会是顺应时代的发展潮流的，充分体现人本化的理念，多种技术的使用以及多领域的设计融合在一起，使设计出的是计算机模式下的一种新型的呈现。

视觉传达设计会更注重受众的情感体验，有一种人文关怀的理念融入其中，对用户的体验先进行研究，之后将研究的结果投入到设计中，让人们在生活态度和习惯方面的诉求

可以得到满足，在作品的设计中，实现的是一种精神层面的交流。

通过本节的介绍进一步了解了在网络发展的当今社会，视觉传达设计是如何发展进步的，视觉传达设计在计算机模式下呈现出来许多的优点，也充分体现了一定的创新，可是它依旧存在许多的不足，在今后的视觉传达设计中要更多地让设计师学会创新，适应时代的潮流，又可以融合以前的先进之处，使视觉传达设计有一个更好的发展进步，更好地为大众呈现符合人心的优秀设计。视觉传达设计在今后的应用依旧是广泛的，并且它的领域不会只局限于一个水平，更是多层面、多维度的完美结合。

第六节　人工智能与计算机视觉产业发展

科学技术的进步为人们探索人工智能领域提供基础支撑，作为人工智能领域中的重要分支，计算机视觉产业的发展越发受到人们的重视。发展计算机视觉技术，可以让人工智能具备类人的视觉功能。目前人们对计算机视觉的研究，已经在人脸识别、图片识别等方面取得一定成效，并且在科学技术日益更迭的背景下，计算机视觉的应用会更为普及。本节立足于计算机视觉与人工智能发展的分析，在此基础上阐明了人工智能领域中计算机视觉技术的具体应用。

人工智能自问世到世人皆知，其间发展年限较多，但取得的成效十分显著。人工智能的发展不仅是推动社会进步的重要一笔，更是人类迈向智能时代的关键基础。对此，进行人工智能与计算机视觉产业的研究具有至关重要的意义。

一、人工智能概述

人工智能简称 AI 技术，自问世后便成为我国乃至全世界的关注焦点。随着资本市场的进入，进一步推动人工智能的发展。自 2005 年以来，东方财务通过数据调查统计表明，A 股榜首为 192 家相关研究机构，这就意味着各大机构的研究重点纷纷转移至人工智能产业。

诸多学者对人工智能的发展做出预测，这表明未来社会中，新技术与生命科学的融合势必会成为一大研究热点。但是纵观现阶段人工智能的发展，大部分人对人工智能的应用仍缺乏认知，如何借助人工智能技术来转变、优化产业发展，是现阶段我国社会及其产业发展的关注重点。

二、人工智能市场切入点分析

人工智能属于广义的大概念。目前我国对人工智能领域的研究已经取得一定的成效。

立足于人工智能驱动角度，现阶段智能投资、智能驾驶、智能语音识别均为该领域中热门的研究分支。

以消费金融领域为例，在发展过程中合理引进深度学习算法、大数据技术等，可实现智能控制与智能风险预防。例如，互联网金融消费者可依托于模型与算法的应用进行风险评估，以大数据为基础，实现对借款人信用风险的智能评估，达到有效防控金融风险的目的。在此基础上，借助相关智能技术可实现自动转账、数据传输、信用积累等功能的提供。而作为人工智能的重要分支之一，计算机视觉的应用目前已经在多个领域取得成效。自 2010 年深度学习算法的问世，为计算机视觉的创新与优化打下良好基础，同时也为计算机视觉多领域、多产业的应用提供必要支撑。

三、计算机视觉产业及其衍生品概述

尽管立足于技术分类角度上而言，机器视觉与计算机视觉属于同一科目，但是两者存在本质区别。计算机视觉的研究重点在于软件开发，具体是进行算法的研发，进而达到图像分析的目的；而机器视觉则是软件和硬件的综合研究，包括算法研究、镜头控制设备研究、图像采集设备研究等。并且，以不同视角去看待两者的区别，计算机视觉的侧重点在于阅读后进行分析技术的研究，而机器视觉则是以识别为任务进行操作的研究。

现阶段，我国对于计算机视觉技术的研究仍处于理论学术阶段，尚无法做到对该技术的规模化。但是因计算机视觉的研究已经经历多年，所以，诞生诸多高价值的技术原理与理论依据，例如，近几年在计算机 GPU 等方面已经开始尝试对计算机视觉技术的应用。

纵观现阶段该技术相关的衍生品，其中个别产品的研发效果显著。如 2010 Kinect 在微软诞生，该技术具备拟人功能，即运用核心技术进行人体运动的捕捉和模拟，通过对玩家动作的模拟，玩家可通过肢体动作来与电脑互动。随后，各大企业开始纷纷在该领域投入更多精力与资源，如苹果、谷歌等企业开始加大对深度应用相机的研发力度。尽管各大企业对基础应用的研究取得一定成效，且进展十分顺利，但是在市场投放时屡遭困难，无法将深度视觉技术作为单一产品实现大规模投放。

再如 RGBD 摄像机，市面上常见摄像机类型为 RGB，其功能体现为可见光三原色的分辨，而 RGBD 摄像机则可以作为常规相机的强化版，增设深度信息加工技术后可实现主动、被动探取，以达到获取深度图像信息的目的。RGBD 摄像机在工作时，会依据探测光发射来实现目标的探测，并按照接收信息来完成被动接收，无须通过发射能量来获取目标信息。分析该技术应用原理，主要是将摄像头安设于不同的两个位置，以图像特征点的差异位置为依据来获取信息。此原理类似于人眼感知，但是在实践应用中尚存辨识度低的问题，且必须在标准光线下进行。

四、计算机视觉研究要点分析

针对计算机视觉的研究，目前仍以图像理解为该领域的主要研究任务，包括对视频、单多幅等类型图像的，所以，计算机视觉产业的发展的主要服务目标也是图像的理解与处理。

不同图像类型的理解方式不同，其中单幅图像的理解囊括目标检测、场景分类、语义分割、图像分类等；多幅图像理解则以三维重建为主；视频图像理解则是以目标跟踪为主。当然，语义分割、图像识别等在视频图像理解中同样涉及。

（1）场景分类。

场景分类主要是对不同场景的识别，主要包括室内外、山地与城市、厨房或起居室等方面。

（2）目标识别。

理解时主要目标为图像类别的确定，或者是识别图像是否与某物体、物质、目标之间存在关联。

（3）目标定位。

理解时对目标的位置进行精准定位，此类理解方式多应用于单个目标的理解。

（4）目标检测。

理解时以图像位置的确定为主要任务，在识别过程中确定目标的具体类别，从任务目标角度而言，目标检测为目标定位、识别的综合体。

（5）语义分割。

作为图像理解中的特殊性分类，需要在理解过程中进行图像像素点的针对性分类，做到对每个像素点进行目标类别的精准给定。

（6）三维重建。

所谓三维重建，是指空间物体以视网膜成像的二维图来进行恢复，通过将二维图恢复成三维表面形状来达到三维重建的目的。而在图像理解中，三维重建则是指以单、多视图为依据进行三维信息的重建。

（7）目标跟踪。

主要是依据视频图像序列的处理与分析来完成目标跟踪，基于复杂背景下，进行运动目标的确定，然后预测目标在运行过程中存在的规律，并以此为依据来实现对目标的跟踪与检测。

五、计算机视觉的人工智能应用场景

自深度学习问世后，计算机视觉得益于深度学习的充分应用而取得巨大进展，其分类、检测等方面的精准性因深度学习算法的充分应用而得到进一步提升，以此为计算机视觉技术在各个人工智能场景中的应用打下良好基础。目前，计算机视觉在以下人工智能场景中的应用取得较好成果。

（一）安全领域

安全领域中计算机视觉的应用，主要体现为智能监控与智能身份识别等方面。目前，我国在视频监控网方面的建设遥遥领先，安设的摄像头数量超过 2000 万个。以其中的道路智能监控网为例，在具备机动车、非机动车监控功能的同时，能实现对行人的有效监控，主要包括对行人性别、穿着、身份的识别。以 Sense Video 系统为例，该系统的功能齐全，主要包括车辆分类识别、行人监测等，可实现运行期间进行区域内行人、车辆的实时跟踪、抓拍、检索等。通过强大的数据分析能力，为密集高峰期的车辆识别、抓拍等提供基础支撑。再如 Face++ 系统，该系统的主要使用场所包括火车站、机场等，其所具备的人脸识别功能可做到实时的大规模检测。系统运行期间，可实现对人脸的精准识别，正确鉴别出人的年龄、性别等。与此同时，将人脸识别信息与罪犯数据库进行比对，可以实现对罪犯的有效识别，为打击犯罪事业的开展提供帮助。

（二）营销及其娱乐领域

随着人们对手机照相需求的不断提高，近几年推出各种多功能照相软件，以"faceu 美颜相机"为例，该软件可以在照相时为人们提供丰富的贴图、道具功能，如照相时为对象提供帽子贴图，或者是夸张地放大对象的眼睛。而这些功能的实现离不开对计算机视觉的影响。通过为其提供人脸检测、识别技术，实现精准识别对象五官，并在此基础上提供贴纸、放大五官的功能。再如小米手机提供的"一人一相册"功能，此功能主要是依据对人脸的识别来实现相册分类，将云端或者是手机本地存储的相册进行智能分类。

此外，其他企业也依托于计算机视觉技术的应用开发出诸多趣味应用，以"How-old.net"为例，首先将照片上传于电脑中，然后利用此软件可实现对对象外观年龄的判断。再如，"微软我们"软件，将带有人物的图片上传至电脑中，此软件可通过人脸识别与分析，判断人脸之间的相似性。此外，CelebsLikeMe、Fetch 等软件也应用计算机视觉，为人们提供丰富且趣味的功能。

而针对计算机视觉在营销领域中的应用，以衣+为例，可以实现用户的边看边买，再如优酷平台，充分利用计算机视觉，实现用户观看电影过程中进行明星同款物品的购买。或者是依据对视频内容的分析，智能投放相应广告等，提升广告投放的契合性，以有效避免用户在观看电影时对广告的投放产生反感。

（三）金融领域

支付宝等软件中存在着计算机视觉的身影，通过人脸识别技术、证件识别、身份认证等技术，进一步提升金融软件的安全性，并为用户提供更为智能、多元的金融服务。

　　综上所述，目前我国对计算机视觉与人工智能领域的研究，已经取得初步的成效与成果，人类也因人工智能的不断发展而迈入新的纪元。对此，应继续加大对人工智能与计算机视觉的研究力度，以期通过计算机视觉的广泛普及来推动社会发展。

第三章　计算机视觉的基本技术

第一节　计算机视觉下的实时手势识别技术

在全球信息化背景下，越来越多的新科技逐渐发展起来，在图像处理技术领域，也取得了长足的发展。随着图像处理技术和模式识别技术等相关技术的不断发展，借助于计算机技术的巨大发展，人们的生活较以往有了巨大的改观，人们也越来越离不开计算机技术。在这种大环境下，人们也开始着重研究实时手势识别技术。本节就是在基于计算机视觉背景下，简单地介绍了实时手势识别技术以及实时手势识别技术的一些识别方法和未来的发展方向，希望能够为一些为实时手势识别技术感兴趣的相关人员提供一定的参考和帮助。

在人类科学技术取得了飞速发展的今天，人们的日常生活中已经广泛地应用到人机交互技术，其已经在人们的日常生活中占据越来越多的戏份。在现代计算机技术的加成下，人机交互技术可以通过各种方式、各种语言使人们和机器设备进行交流。在这方面，利用手势进行人机对话也是特别受欢迎的方式之一。所以，计算机视觉下的实时手势识别技术也被越来越多的人研究，而且已经初步成型，部分被我们所利用，只不过，要实现实时手势识别技术的普及，还需要对其中一些相关技术加大研究，解决掉现在实时手势识别技术所存在的一些问题，为对图像的准确识别和依据图像内容做出准确反映做保证。

一、实时手势识别技术介绍

（一）手势识别技术概述

手势识别技术是近几年发展起来的一种人机交互技术，是利用计算机技术，使机器对人类表达方式进行识别的一种方法。根据设定的程序和算法，使工作人员和计算机之间通过不同的手势进行交流，再用计算机上的程序和算法对相应的机器进行控制，使其根据工作人员的不同手势做出相应的动作。工作人员做出的手势，可以分为静态手势和动态手势两种。静态手势就是指工作人员做出一个固定不变的手势，以这种固定不变的手势表示某种特定的指令或者含义，讲得通俗点即人们常说的固态姿势。另外一种动态手势，也就是一个连续的动作，相对于静态手势来说，就显得比较复杂了，通俗点讲，就是让工作人员完成一个连续的手势动作，然后，让机器根据这一连串的手部动作完成人们所期望的指令，做出人们所期望的反应。

（二）手势识别技术所需要的平台

手势识别技术和其他计算机科学技术一样，都需要硬件平台和软件平台两个方面。在硬件平台方面，必须要配备一台电脑和一台能够捕捉到图像的高清网络摄像头，电脑的配置当然要尽可能高，具备强大的运算能力，能够快速运算，稳定输出，对摄像头的要求也比较高，要能够清晰地拍摄到操作者的手部动作，不论是固定的静态手势还是一个连续的动态手部动作，都要能够清楚地记录跟踪，并传送给电脑。另外一个方面是软件平台方面，一般都是利用 C 语言开发平台，通过一些开源数据库，编写成一定的算法和程序，再配上视觉识别系统。利用这些程序进行控制和运行，分别对各种不同的静态手势和动态手势进行识别，最终实现人机交互的功能。

（三）手势识别技术的实现

录入摄像头拍摄到的图像视频对视频软件进行开发可选择的操作系统有很多，不同的研发单位可以根据自己的情况进行选择，为了让摄像头能够捕捉不同的视频画面，这就对摄像头画面的能力的要求特别高，这也是重要的一步，然后再通过建立不同的函数模型，对这些函数模型以一定的程序来调用，再在建立的不同窗口来进行显示，在所使用的摄像头上也要装上一定的摄像头驱动程序，以驱动摄像头工作。以此，便可以根据相关的数据模型，把捕捉到的视频或图像画面，在特定的窗格中显示出来。

将摄像头读取到的手势动作进行固定操作。对于实现手势的固定操作要通过不同的检测方法，最常见的固定方法有两种：运动检测技术和肤色检测技术。前一种固定方法指的是，当做出一个动作时，视频图像中的背景图片会按一定的顺序进行变化，通过对这种背景图片的提取，再和以前未做动作所保留的背景图片做对比，根据背景图片的这种按顺序的形状变化的特点来固定手势动作，但是由于受一些不确定因素的影响，例如，天气和光照等，变化会引起计算机背景图片分析和提取的不准确，使运动检测技术在程序设计的过程中比较困难，不易实现。而后一种肤色检测技术正是为了减少这种光照或者天气等不确定因素的影响，来对手势动作进行准确的定位。肤色检测技术的原理是通过色彩的饱和度、亮度和色调等对肤色进行检测，然后再利用肤色具有比较强的聚散性质，会和其他颜色对比明显的特点，使机器将肤色和其他颜色区别开来，在一定条件下能够实现比较准确的固定手势动作。

手势跟踪技术。实现手势分析的关键环节是完善手势跟踪技术，从实验数据显示的结果来看，利用不同的算法来跟踪手势动作，能够对人脸和手势的不同动作进行有效的识别，如果在识别过程中，出现了手势动作被部分遮挡的情况，则需要进一步对后续的手势遮挡动作做出识别，通过改进算法来解决摄像头拍摄不全的问题，再应用适合的肤色跟踪技术，得到具体的投射视图。

手势分割技术。要在视觉领域应用计算机软件技术，对数字和图像进行处理，并且应用于手势识别领域，就要借助计算机手势分割技术。计算机手势分割技术是指在操作者的手运动的时候，摄像头采集并传递给计算机的图像数据，会被计算机的当中的软件系统识别。如果不对动态手势图像进行手势分割技术处理，就有可能在肤色和算法的共同作用下，把算法数据转换为形态学指标，也就有可能导致数据模糊和膨胀，造成视觉不准确的现象。

二、计算机视觉下实时手势识别的方式

（一）模板识别方式

在静态手势的识别中经常被用到的最为简单的实时手势方式就是模板识别方式。它的主要原理是提前将要输入的图像模板存入计算机内，然后再根据摄像头录入的图像进行相应的匹配和测量，最后通过检测相似程度来完成整个识别过程。这种实时手势识别方式简单、快速。但是，由于它也存在识别不准确的情况，我们也要根据实际的情况需要，选择不同的识别方式，对此，我们要做出一个比较准确的判断。

（二）概率统计模型

由于模板识别方式存在着模板不好界定的情况，有时候容易引起错误，所以，我们引入概率统计的分类器，通过估计或者是假设的方式对密度函数进行估算，估算的结果与真实情况越相近，那么分类器就越接近于其中的最小平均损失值。从另一个方面来讲，在动态手势识别过程中，典型的概率统计模型就是 HMM，它主要用于描述一个隐形的过程。在应用 HMM 时，要先训练手势的 HMM 库，而且在识别的时候，将等待识别的手势特征值带入到模型库中，这样对应概率值最大的那个模型便是手势特征值。概率统计模型存在的问题就是对计算机的要求比较高，由于计算机视觉下的实时手势识别技术及其应用都比较复杂，所以，就需要计算机要有强大的计算速度。

（三）人工神经网络

作为一种模仿人与动物活动特征的算法，人工神经网络在数据图像处理领域中，发挥着它的巨大优势。人工神经网络是一种基于决策理论的识别方式，能够进行大规模分布式的信息处理。在近年来的静态和动态手势识别领域，人工神经网络的发展速度非常快，通过各种单元之间的相互结合，加以训练，估算出的决策函数能够比较容易地完成分类的任务，减少误差。

三、实时手势识别技术在未来的发展方向

（一）早日实现一次成功识别

以现在实时手势识别技术的发展现状，无论使用什么样的算法，基本上都不能做到一次成功识别，经历多种不同的训练阶段，也不能够保证一次准确识别成功。所以，在手势识别技术的未来发展中，我们的研究方向主要是要保证怎样一次快速识别，而且还要保证识别的准确性，这在未来实时手势识别技术的发展过程中是十分重要的，也需要我们在软件平台和硬件平台各个方面同时努力，加大研究投入，争取早日实现一次成功识别，这样才能极大地提高手势识别的效率，能使实时手势识别技术得到更大的推广，为社会的生产加工做出更多的贡献。

（二）争取给用户最好的体验

虽然实时手势识别技术对于计算机来说，显得比较复杂，尤其对于图像的处理，但是对于它的体验者来讲，则是和传统的交互方式完全不同的另一种体验。但是从现状来看，实时手势识别技术还处于一个最基础的发展阶段，并没有完全给用户一个非常完美的体验，所以，应该在发展实施手势识别技术的过程中，多和用户进行沟通，询问体验用户的感受，再切实制定新的发展策略，改进实施手势识别技术。一方面，我们要提高图像的录入质量和计算机运算的速度；另一方面，我们还需要切实考虑用户的体验感受，从多个方面入手研究，使实时手势识别技术能够给用户带来最好的体验。

计算机视觉下的实时手势识别技术在今天的日常生活和科技发展中已经显得特别重要，其研究成果，使人在与机器的沟通交流过程中具有非常重要的作用，可以极大地方便人与机器设备的沟通，让我们可以更轻松地对机器设备进行传递指令，方便快捷地完成某种动作，以达到我们的目的。但是，由于现阶段环境的复杂性和一些技术上的缺陷，实时手势识别技术在应用的过程中仍旧存在着一些不足，需要我们继续努力，加快发展，以尽早地实现实时手势识别技术的推广。

第二节　基于计算机视觉的三维重建技术

单目视觉三维重建技术是计算机视觉三维重建技术的重要组成部分，其中从运动恢复结构的研究工作已开展了多年并取得了不俗的成果。目前已有的计算机视觉三维重建技术种类繁多且发展迅速，本节对几种典型的三维重建技术进行了分析与比较，着重对从运动恢复结构法的应用范围和前景进行了概述并分析了其未来的研究方向。

计算机视觉三维重建技术是通过对采集的图像或视频进行处理以获得相应场景的三维

信息，并对物体进行重建。该技术简单方便、重建速度较快、不受物体形状限制而实现全自动或半自动建模。目前计算机视觉三维重建技术广泛应用于包括医学系统、自主导航、航空及遥感测量、工业自动化等在内的多个领域。

一、基于计算机视觉的三维重建技术

通常三维重建技术首先需要获取外界信息，再通过一系列的处理得到物体的三维信息。数据获取方法主要可以分为接触式和非接触式两种。接触式方法是利用某些仪器直接测量场景的三维数据。虽然这种方法能够得出比较准确的三维数据，但是它的应用范围有很大程度上的限制。非接触式方法是在测量时不接触被测量的物体，通过光、声音、磁场等媒介来获取目标数据。这种方法的实际应用范围要比接触式方法广，但是在精度上没有它高。非接触式方法又可以分为主动和被动两类。

（一）基于主动视觉的三维重建技术

基于主动视觉的三维重建技术是直接利用光学原理对场景或对象进行光学扫描，然后通过分析扫描得到的数据点云实现三维重建。主动视觉法可以获得物体表面大量的细节信息，重建出精确的物体表面模型；不足的是成本高昂、操作不便，同时由于环境的限制不可能对大规模复杂场景进行扫描，其应用领域也非常有限，而且其后期处理过程也较为复杂。目前比较成熟的主动方法主要有激光扫描法、结构光法、阴影法等。

（二）基于被动视觉的三维重建技术

基于被动视觉的三维重建技术就是通过分析图像序列中的各种信息，对物体的建模进行逆向工程，从而得到场景或场景中物体的三维模型。这种方法并不直接控制光源、对光照要求不高、成本低廉、操作简单、易于实现，适用于各种复杂场景的三维重建；不足的是对物体的细节特征重建还不够精确。根据相机数目的不同，被动视觉法又可以分为单目视觉法和立体视觉法。

1.基于单目视觉的三维重建技术

基于单目视觉的三维重建技术是仅使用一台相机来进行三维重建的方法。这种方法简单方便、灵活可靠、使用范围广，可以在多种条件下进行非接触、自动、在线的测量和检测。该技术主要包括 X 恢复形状法、从运动恢复结构法和特征统计学习法。

X 恢复形状法。若输入的是单视点的单幅或多幅图像，则主要通过图像的二维特征（用 X 表示）来推导出场景或物体的深度信息。这些二维特征包括明暗度、纹理、焦点、轮廓等，因此，这种方法也被统称为 X 恢复形状法。这种方法设备简单，使用单幅或少数几张图像就可以重建出物体的三维模型；不足的是通常要求的条件比较理想化，与实际应用情况不符，重建效果也一般。

从运动恢复结构法。若输入的是多视点的多幅图像，则通过匹配不同图像中的相同特征点，利用这些匹配约束求取空间三维点的坐标信息，从而实现三维重建，这种方法被称为从运动恢复结构法，即 SfM（Structure from Motion）。这种方法可以满足大规模场景三维重建的需求，且在图像资源丰富的情况下重建效果较好；不足的是运算量较大，重建时间较长。

目前，常用的 SfM 方法主要有因子分解法和多视几何法两种。

Tomasi 和 Kanade 最早提出了因子分解法。这种方法将相机模型近似为正射投影模型，根据秩约束对二维数据点构成的观测矩阵进行奇异值分解，从而得到目标的结构矩阵和相机相对于目标的运动矩阵。该方法简便灵活，对场景无特殊要求，不依赖具体模型，具有较强的抗噪能力；不足的是恢复精度并不高。

通常，多视几何法包括以下四个步骤：①特征提取与匹配。特征提取是首先用局部不变特征进行特征点检测，再用描述算子来提取特征点。Moravec 提出了用灰度方差来检测特征角点的方法。Harris 在 Moravec 算法的基础上，提出了利用信号的基本特性来提取图像角点的 Harris 算法。Smith 等人提出了最小核值相似区，即 SUSAN 算法。Lowe 提出了一种具有尺度和旋转不变性的局部特征描述算子，即尺度不变特征变换算子，这是目前应用最为广泛的局部特征描述算子。Bay 提出了一种更快的加速鲁棒性算子。特征匹配是在两个输入视图之间寻找若干组最相似的特征点来形成匹配。传统的特征匹配方法通常是基于邻域灰度的均方误差和零均值正规化互相关这两种方法。Grauman 等人提出了一种基于核方法的快速匹配算法，即金字塔匹配算法。Photo Tourism 系统在两两视图间的局部匹配时采用了基于近似最近邻搜索的快速算法。②多视图几何约束关系计算。多视图几何约束关系计算就是通过对极几何将几何约束关系转换为基础矩阵的模型参数估计的过程。Longuet-Higgins 最早提出多视图间的几何约束关系可以用本质矩阵在欧氏几何中表示。Luong 提出了解决两幅图像之间几何关系的基础矩阵。与此同时，为了有效避免由光照和遮挡等因素造成的误匹配，学者们在鲁棒性模型参数估计方面做了大量的研究工作，在目前已有的相关方法中，最大似然估计法、最小中值算法、随机抽样一致性算法三种算法使用最为普遍。③优化估计结果。当得到了初始的射影重建结果之后，为了均匀化误差和获得更精确的结果，通常需要对初始结果进行非线性优化。在 SfM 中对误差应用最精确的非线性优化方法就是光束法平差。光束法平差是在一定假设下认为检测到的图像特征中具有噪音，并对结构和可视参数分别进行最优化的一种方法。近年来，众多的光束法平差算法被提出，这些算法主要是解决光束法平差有效性和计算速度两个方面的问题。Ni 针对大规模场景重建，运用图像分割来优化光束法平差算法。Engels 针对不确定的噪声模型，提出局部光束法平差算法。Lourakis 提出了可以应用于超大规模三维重建的稀疏光束法平差算法。④得到场景的稠密描述。经过上述步骤后会生成一个稀疏的三维结构模型，但这种稀疏的三维结构模型不具有可视化效果，因此，要对其进行表面稠密估计，恢复稠密的三维点云结构模型。近年来，学者们提出了各种稠密匹配的算法。Lhuillier 等人提出了能保持高计算效率的准稠密方法。Furukawa 提出的基于多视图立体视觉算法是目前提出的准稠密匹配算法里效果最好的算法。

综上所述，SfM 方法对图像的要求非常低，鲁棒性和实用价值非常高，可以对自然地形及城市景观等大规模场景进行三维重建；不足的是运算量比较大，对特征点较少的弱纹理场景的重建效果比较一般。

特征统计学习法。特征统计学习法是通过学习的方法对数据库中的每个目标进行特征提取，然后对目标的特征建立概率函数，最后将目标与数据库中相似目标的相似程度表示为概率的大小，再结合纹理映射或插值的方法进行三维重建。该方法的优势在于只要数据库足够完备，任何和数据库目标一致的对象都能进行三维重建，而且重建质量和效率都很高；不足的是和数据库目标不一致的重建对象就很难得到理想的重建结果。

2. 基于立体视觉的三维重建技术

立体视觉三维重建是采用两台相机模拟人类双眼处理景物的方式，从两个视点观察同一场景，以获得不同视角下的一对图像，然后通过左右图像间的匹配点恢复出场景中目标物体的三维信息。立体视觉方法不需要人为设置相关辐射源，可以进行非接触、自动、在线的检测，简单方便、可靠灵活、适应性强、使用范围广；不足的是运算量偏大，而且在基线距离较大的情况下重建效果明显降低。

随着上述各个研究方向所取得的积极进展，研究人员开始关注自动化、稳定、高效的三维重建技术的研究。

二、面临的问题和挑战

SfM 方法目前存在的主要问题和挑战如下：

鲁棒性问题：SfM 方法鲁棒性较差，易受到光线、噪声、模糊等问题的影响，而且在匹配过程中，如果出现了误匹配问题，可能会导致结果精度下降。

完整性问题：SfM 方法在重建过程中可能由于丢失信息或不精确的信息而难以校准图像，从而不能完整地重建场景结构。

运算量问题：SfM 方法目前存在的主要问题就是运算量太大，导致三维重建的时间较长、效率较低。

精确性问题：目前 SfM 方法中的每一个步骤，如相机标定、图像特征提取与匹配等一直都无法得到最优化的解决，导致该方法精确性等指标无法得到更大提高。

针对以上这些问题，在未来一段时间内，SfM 方法的相关研究可以从以下几个方面展开。

改进算法：结合应用场景，改进图像预处理和匹配技术，减少光线、噪声、模糊等问题的影响，提高匹配准确度，增强算法鲁棒性。

信息融合：充分利用图像中包含的各种信息，使用不同类型传感器进行信息融合，丰富信息，提高完整度和通用性，完善建模效果。

使用分布式计算：针对运算量过大的问题，采用计算机集群计算、网络云计算以及GPU计算等方式来提高运行速度，缩短重建时间，提高重建效率。

分步优化：对SfM方法中的每一个步骤进行优化，提高方法的易用性和精确度，使三维重建的整体效果得到进一步提升。

计算机视觉三维重建技术在近年来的研究中取得了长足的发展，其应用领域涉及工业、军事、医疗、航空航天等诸多行业。但是这些方法想要应用到实际中都还要进行进一步的研究。计算机视觉三维重建技术还需要在提高鲁棒性、减少运算复杂度、减小运行设备要求等方面加以改进。因此，在未来很长的一段时间内，仍需要在该领域做出更加深入细致的研究。

第三节　基于监控视频的计算机视觉技术

近年来，大规模分布式摄像头的数量迅速增长，摄像头网络的监控范围迅速增大。摄像头网络每天都产生规模庞大的视觉数据。这些数据无疑是一笔巨大的宝藏，如果对其中的信息加以加工、利用，挖掘其价值，能够极大地方便人类的生产生活。然而，由于数据规模庞大，依靠人力手动处理数据，不但人力成本昂贵，而且不够精确。具体来讲，在监控任务中，如果给工作人员分配多个摄像头，很难保证同时进行高质量监视。即便每人只负责单个摄像头，也很难从始至终保持精力集中。此外，相比于其他因素，人工识别的基准性能主要取决于操作人员的经验和能力。这种专业技能很难快速地交接给其他的操作人员，且由于人与人之间的差异，很难获得稳定的性能。随着摄像头网络覆盖面越来越广，人工识别的可行性问题越来越明显。因此，在计算机视觉领域，学者对摄像头网络数据处理的兴趣越来越浓厚。本节将针对近年来计算机视觉技术在摄像头网络中的应用展开分析。

一、字符识别

随着私家车数量与日俱增，车主驾驶水平参差不齐，超速行驶、闯红灯等违法行为时有发生，交通监管的压力也越来越大。依靠人工识别违法车辆，其性能和效率都无法得到保障，需要依靠计算机视觉技术实现自动化。现有的车牌检测系统已拥有较为成熟的技术，识别准确率已经接近甚至超过人眼。光学字符识别技术是车牌检测系统的核心技术，该技术的实现过程分为以下步骤：首先，从拍摄的车辆图片中识别并分割出车牌；然后，查找车牌中的字符轮廓，根据轮廓逐一分割字符，生成若干包含字符的矩形图像；接下来利用分类器逐一识别每个矩形图像中所包含的字符；最后将所有字符的识别结果组合在一起得到车牌号。车牌检测系统提高了交通法规的执行效率和执行力度，对公共交通安全提供了有力保障。

二、人群计数

2014 年 12 月 31 日晚,上海外滩跨年活动上发生严重踩踏事故,导致 36 人死亡,49 人受伤。事件发生的直接原因是人群密度过大。活动期间大量游客涌入观景台,增大事故发生的隐患及事故发生时游客疏散的难度。这一事件发生后,相关部门加强了对人流密度的监控,某些热点景区已投入使用基于视频监控的人群计数技术。人群计数技术大致分为三类:基于行人检测的模型、基于轨迹聚类的模型、基于特征的回归模型。基于行人检测的模型通过识别视野中所有的行人个体,统计后得到人数。基于轨迹聚类的模型针对视频序列,首先识别行人轨迹,再通过聚类估计人数。基于特征的回归模型针对行人密集、难以识别行人个体的场景,通过提取整体图像的特征直接估计得到人数。人群计数在拥堵预警、公共交通优化方面具有重要价值。

三、行人再识别

在机场、商场此类大型分布式空间,一旦发生盗窃、抢劫等事件,嫌疑人在多个摄像头视野中交叉出现,给目标跟踪任务带来巨大挑战。在这一背景下,行人再识别技术应运而生。行人再识别的主要任务是分布式多摄像头网络中的"目标关联",其主要目的是跟踪在不重叠的监控视野下的行人。行人再识别要解决的是一个人在不同时间和物理位置出现时,对其进行识别和关联的问题,具有重要的研究价值。近年来,行人再识别问题在学术研究和工业实验中越来越受关注。目前的行人再识别技术主要分为以下步骤:首先,对摄像头视野中的行人进行检测和分割;然后,对分割出来的行人图像提取特征;接下来,利用度量学习方法,计算不同摄像头视野下行人之间在高维空间的距离;最后,按照距离从近到远对候选目标进行排序,得到最相似的若干目标。由于根据行人的视觉外貌计算的视觉特征不够有判别力,特别是在图像像素低、视野条件不稳定、衣着变化甚至更加极端的条件下有着固有的局限性,要实现自动化行人再识别仍然面临巨大挑战。

四、异常行为检测

在候车厅、营业厅等人流量大、人员复杂的场所或夜间的 ATM 机附近等较容易发生犯罪行为的场景,发生斗殴、扒窃、抢劫等扰乱公共秩序行为的频率较高。为保障公共安全,可以利用监控视频数据对人体行为进行智能分析,一旦发现异常及时发出报警信号。异常行为检测方法可以分为两类:一类是基于运动轨迹,跟踪和分析人体行为,判断其是否为异常行为;另一类是基于人体特征,分析人体各部位的形态和运动趋势,从而进行判断。目前,异常行为检测技术尚不成熟,存在一定的虚警、漏警现象,准确率有待提高。尽管如此,这一技术的应用可以大大减少人工翻看监控视频的工作量,提高数据分析效率。

基于监控视频的计算机视觉技术在交通优化、智能安防、刑侦追踪等领域具有重要的研究价值。近年来，随着深度学习、人工智能等研究领域的兴起，计算机视觉技术的发展突飞猛进，一部分学术成果已经转化为成熟的技术，主要应用在人们生活的方方面面，为人们提供着更加便捷、舒适、安全的环境。展望未来，在数据飞速增长的时代，挑战与机遇并存，相信计算机视觉技术会给我们带来更多的惊喜。

第四节　计算机视觉算法的图像处理技术

网络信息技术背景下，对于智能交互系统的真三维显示图像畸变问题，需要采用计算机视觉算法处理图像，实现图像的三维重构。本节以图像处理技术作为研究对象，对畸变图像科学建立模型，以 CNN 模型为基础，在图像投影过程中完成图像的校正。实验证明，计算机视觉算法下图像校正效果良好，系统体积小、视角宽、分辨率较高。

在过去，传统的二维环境中物体只能显示侧面投影，随着科技的发展，人们创造出三维立体画面，并将其作为新型显示技术。本节通过设计一种真三维显示计算机视觉系统，提出计算机视觉算法对物体投影过程中畸变图像的矫正。这种图像处理技术与过去的 BP 神经网络相比，其矫正精度更高，可以被广泛地应用于图像处理。

一、计算机图像处理技术

（一）基本含义

利用计算机处理图像需要对图像进行解析与加工，从中得到所需要的目标图像。图像处理技术应用时主要包含以下两个过程：转化要处理的图像，将图像变成计算机系统支持识别的数据，再将数据存储到计算机中，方便进行接下来的图像处理。对存储在计算机中的图像数据采用不同方式与计算方法，进行图像格式转化与数据处理。

（二）图像类别

在计算机图像处理中，图像的类别主要有以下几种：模拟图像，这种图像在生活中很常见；摄影图像，摄影图像就是胶片照相机中的相片；数字化图像，数字化图像是信息技术与数字化技术发展的产物，随着互联网信息技术的发展，图像已经走向数字化。与模拟图像相比，数字化图像精密度更高，且处理起来十分灵活，是当前常见的图像种类。

（三）技术特点

分析图像处理技术的特点，具体如下：图像处理技术的精密度更高。随着社会经济的发展与技术的推动，网络技术与信息技术被广泛应用于各个行业，特别是图像处理方面，人们可以将图像数字化，最终得到二维数组。该二维数组在一定设备支持下可以对图像进行数字化处理，使二维数组发生任意大小的变化。人们使用扫描设备能够将像素灰度等级量化，灰度能够得到 16 位以上，从而提高技术精密度，以满足人们对图像处理的需求。计算机图像处理技术具有良好的再现性。人们对图像的要求很简单，只是希望图像可以还原真实场景，让照片与现实更加贴近。过去的模拟图像处理方式会使图像质量降低，再现性不理想。应用图像处理技术后，数字化图像能够更加精准地反映原图，甚至处理后的数字化图像可以保持原来的品质。此外，计算机图像处理技术能够科学保存图像、复制图像、传输图像，且不影响原有图像质量，有着较高的再现性。计算机图像处理技术应用范围广。不同格式的图像有着不同的处理方式，与传统模拟图像处理相比，该技术可以对不同信息源图像进行处理，不管是光图像、波普图像，还是显微镜图像与遥感图像，甚至是航空图片也能够在数字编码设备的应用下成为二维数组图像。因此，计算机图像处理技术应用范围较广，无论是哪一种信息源都可以将其数字化处理，并存入计算机系统中，在计算机信息技术的应用下处理图像数据，从而更好地满足人们对现代生活的需求。

二、计算机视觉显示系统设计

（一）光场重构

真三维立体显示与二维像素相比较，真三维可以将三维数据场内每一个点都在立体空间内成像。成像点就是三维成像的体素点，一系列体素点构成了真三维立体图像，应用光学引擎与机械运动的方式可以将光场重构。阐述该技术的原理，可以使用五维光场函数去分析三维立体空间内的光场函数，即，$F: L \in R5 \to I \in R3, L=[x, y, z]$，这是五维光场函数中空间点的三维坐标和坐标下方向，代表的是该数字化图像颜色信息。当三维图像模型与纹理能够由离散点集表示，离散点集如下：代表的是空间点内的位置与颜色。

接下来，可以对点集 L 中的 h 深度子集进行光场三维重构。将点集按照深度进行划分，最终可以划分成多个子集，任意一个子集都可以利用散射屏幕与二维投影形成光场重构，且这种重构后的图像是三维状态的。经过研究表明，应用二维投影技术可以对切片图像实现重构，且该技术实现的高速旋转状态，重构的图像也属于三维光场范围。

（二）显示系统设计

本节以计算机视觉算法为基础，阐述图像处理技术。技术实现过程中需要应用 ARM 处理装置，在该装置的智能交互作用下实现真三维显示系统，人们可以从各个角度观看成像。在真三维显示系统中，成像的分辨率很高，体素能够达到 30M。与过去的旋转式 LED 点阵体三维相比，这种柱形状态的成像方式虽然可以重构三维光场，但是该成像视场角不大，分辨率也不高。

人们在三维环境中拍摄物体，需要以三维为基础展示物体，然后将投影后的物体成像序列存储在 SDRAM 内。应用 FPGA 视频采集技术，在技术的支持下将图像序列传导入 ARM 处理装置内，完成对图像的切片处理，图像数据信息进入 DVI 视频接口，并在 DMD 控制设备的处理后，图像信息进入高速投影机。经过一系列操作，最终 DLP 可以将数字化图像朝着散射屏的背面实现投影。想要实现图像信息的高速旋转，需要应用伺服电机，在电机的驱动下，转速传感器可以探测到转台的角度和速度，并将探测到的信号传递到控制器中，形成对转台的闭环式控制。

当伺服电机运动在高速旋转环境中，设备也会将采集装置位置信息同步，DVI 信号输出帧频，控制器产生编码，这个编码就是 DVI 帧频信号。这样做可以确保散射屏与数字化图像投影之间拥有同步性。该智能交互真三维显示装置由转台和散射屏构成，其中还有伺服电机、采集设备、高速旋转投影机、控制器与 ARM 处理装置，此外还包括体态摄像头组与电容屏等其他部分。

三、图像畸变矫正算法

（一）畸变矫正过程

在计算机视觉算法应用下，人们可以应用计算机处理畸变图像。当投影设备对图像垂直投影时，随着视场的变化，其成像垂轴的放大率也会发生变化，这种变化会让智能交互真三维显示装置中的半透半反屏像素点发生偏移，如果偏移程度过大，图像就会发生畸变。因此，人们需要采用计算机图像处理技术将畸变后的图像进行校正。由于图像发生了几何变形，就要基于图像畸变校正算法对图片进行几何校正，从发生畸变图像中尽可能地消除畸变且将图像还原到原有状态。这种处理技术就是将畸变后的图像在几何校正中消除几何畸变。投影设备中主要有径向畸变和切向畸变两种，但是切向畸变在图像畸变方面影响程度不高，因此，人们在研究图像畸变算法时会将其忽略，主要以径向畸变为主。

径向畸变又分为桶型畸变和枕型畸变两种，投影设备产生图像的径向畸变最多的是桶型畸变。对于这种畸变的光学系统，其空间直线在图像空间中，除了对称中心是直线以外，其他的都不是直线。人们进行图像矫正处理时，需要找到对称中心，然后开始应用计算机视觉算法进行图像的畸变矫正。

在正常情况下，图像畸变都是因为空间状态的扭曲而产生畸变，也被人们称为曲线畸变。过去人们使用二次多项式矩阵解对畸变系数加以掌握，但是一旦遇到情况复杂的图像畸变，这种方式也无法准确描述。如果多项式次数更高，那么畸变处理就需要更大矩阵，不利于接下来的编程分析与求解计算。随后人们提出了在 BP 神经网络基础上的畸变矫正方式，其精度有所提高。本节以计算机视觉算法为基础，将该畸变矫正方式进行深化，提出卷积神经网络畸变图像处理技术。与之前的 BP 神经网络图像处理技术相比，其权值共享网络结构和生物神经网络很相似，有效地降低了网络模型的难度和复杂程度，也减少了权值数量，提高了畸变图像的识别能力和泛化能力。

（二）畸变图像处理

作为人工神经网络的一种，卷积神经网络可以使图像处理技术更好地实现。卷积神经网络有着良好的稀疏连接性和权值共享性，其训练方式比较简单，学习难度不大，这种连接方式更适合用于畸变图像的处理。在畸变图像处理中，网络输入以多维图像输入为主，图像可以直接穿入到网络中，无需像过去的识别算法那样重新提取图像数据。不仅如此，在卷积神经网络权值共享下的计算机视觉算法能够减少训练参数，在控制容量的同时，保证图像处理拥有良好的泛化能力。

如果某个数字化图像的分辨率为 227×227，将其均值相减之后，神经网络中拥有两个全连接层与五个卷积层。将图像信息转化为符合卷积神经网络计算的状态，卷积神经网络也需要将分辨率设置为 227×227。由于图像可能存在几何畸变，考虑可能出现的集中变形形式，按照检测窗比例情况，将其裁剪为特定大小。

四、基于计算机视觉算法图像处理技术的程序实现

基于上述文中提到的计算机视觉算法，对畸变图像模型加以确定。本节提出的图像处理技术程序实现应用到了 MATLAB 软件，选择图像处理样本时以 1000 幅畸变和标准图像组为主。应用了系统内置 Deep Learning 工具包，撰写了基于畸变图像算法的图像处理与矫正程序，矫正时将图像每一点在畸变图像中映射，然后使用灰度差值确定灰度值。这种图像处理方法有着低通滤波特点，图像矫正的精度比较高，不会有明显的灰度缺点存在。因此，应用双线性插值法，在图像畸变点周围四个灰度值计算畸变点灰度情况。

当图像受到几何畸变后，可以按照上文提到的计算机视觉算法输入 CNN 模型，再科学设置卷积与降采样层数量、卷积核大小、降采样降幅，设置后根据卷积神经网络的内容选择输出位置。根据灰度差值中双线性插值算法，进一步确定畸变图像点位灰度值。随后，对每一个图像畸变点都采用这种方式操作，不断重复，直到将所有的畸变点处理完毕，最终就能够在画面中得到矫正之后的完整图像。

为了尽可能地降低卷积神经网络运算的难度，降低图像处理时间，建议将畸变矫正图像算法分为两部分。第一部分为 CNN 模型处理；第二部分为实施矫正参数计算。在校正过程中需要提前建立查找表，并以此作为常数表格，将其存在足够大的空间内，根据已经输入的畸变图像，按照像素实际情况查找表格，结合表格中的数据信息，按照对应的灰度值，将其替换成当前灰度值即可完成图像处理与畸变校正。不仅如此，还可以在卷积神经网络计算机算法初始化阶段，根据位置映射表完成图像的 CMM 模型建立，在模型中进行畸变处理，然后系统生成查找表。按照以上方式进行相同操作，计算对应的灰度值，再将当前的灰度值进行替换，当所有畸变点的灰度值都替换完毕后，该畸变图像就完成了实时

畸变矫正，其精准度较高、难度较小。

总而言之，随着网络技术与信息技术的日渐普及，传统的模拟图像已经被数字化图像取代，人们享受数字化图像的高清晰度与真实度，但对于图像畸变问题，还需要进一步研究图像的畸变矫正方法。在计算机视觉计算基础上，本节采用卷积神经网络进行图像畸变计算，按照合理的灰度值计算，有效提高图像的清晰度，并完成图像的几何畸变矫正。

第五节　计算机视觉图像精密测量下的关键技术

近代测量使用的方法基本为人工测量，但人工测量无法一次性达到设计要求的精度，就需要进行多次的测量后再进行手工计算，求取接近设计要求的数值。这样做的弊端在于：需要大量的人力且无法精准地达到设计要求精度，对于这种问题在现代测量中出现了计算机视觉精密测量，这种方法集快速、精准、智能等优势于一体，在测量中得到了更多的追捧及广泛的使用。

现代城市的建设离不开测量的运用，对于测量而言需要精确的数值来表达建筑物、地形地貌等特征及高度。在以往的测量中无法精准地进行计算及在施工中无法精准地达到设计要求。本节就计算机视觉图像精密测量进行分析，并对其关键技术做一简析。

一、概论

（一）什么是计算机视觉图像精密测量

计算机视觉精密测量从定义上来讲是一种新型的、非接触性测量。它是集计算机视觉技术、图像处理技术及测量技术于一体的高精度测量技术，且将光学测量的技术融入当中。这样让它具备快速、精准、智能等方面的优势及特性。这种测量方法在现代测量中被广泛使用。

（二）计算机视觉图像精密测量的工作原理

计算机视觉图像精密测量的工作原理类似于测量仪器中的全站仪。它们具有相同的特点及特性，主要还是通过微型计算机进行快速的计算处理得到使用者需要的测量数据。其原理简单分为以下几步：

（1）对被测量物体进行图像扫描，在对图像进行扫描时需注意外界环境及光线因素，特别注意光线对于仪器扫描的影响；

（2）形成比例的原始图，在对于物体进行扫描后得到与现实原状相同的图像，这个步骤与相机的拍照原理几乎相同；

（3）提取特征，通过微型计算机对扫描形成的原始图进行特征的提取，在设置程序后，仪器会自动进行相应特征部分的关键提取；

（4）分类整理，对图像特征进行有效的分类整理，主要对于操作人员所需求的数据进行整理分类；

（5）形成数据文件，在完成以上四个步骤后微型计算机会对于整理分类出的特征进行数据分析存储。

（三）主要影响

从施工测量及测绘角度分析，对于计算机视觉图像精密测量的影响在于环境的影响。其主要分为地形影响和气候影响。地形影响对于计算机视觉图像精密测量是有限的，基本对于计算机视觉图像精密测量的影响不是很大，但还是存在一定的影响，主要体现在遮挡物对于扫描成像的影响。如果扫描成像质量较差，会直接影响到对于特征物的提取及数据的准确性。还存在气候影响，气候影响的因素主要在于大风及光线影响。大风对于扫描仪器的稳定性具有一定的考验，如有稍微抖动就会出现误差，不能准确地进行精密测量。光线的影响在于光照的强度上，主要还是表现在基础的成像，成像结果会直接导致数据结果的准确性。

二、计算机视觉图像精密测量下的关键技术

计算机视觉图像精密测量下的关键技术主要分为以下几种：

（一）自动进行数据存储

对计算机视觉图像精密测量的原理分析，参照计算机视觉图像精密测量的工作原理，对设备的质量要求很高。计算机视觉图像精密测量仪器主要还是通过计算机来进行数据的计算处理，如果遇到计算机系统老旧或处理数据量较大，会导致计算机系统崩溃，进而导致计算结果无法进行正常的存储。为了有效避免这种情况的发生，需要对于测量成果技术进行有效的存储。将测量数据成果存储在固定、安全的存储媒介中，以保证数据的安全性。如果遇到计算机系统崩溃等无法正常运行的情况时，应及时将数据进行备份存储，快速还原数据。在对于前期测量数据再次进行测量或多次测量，系统会对于这些数据进行统一对比，如果出现多次测量结果有出入，系统会进行提示。这样就可以有效避免数据存在较大的误差。

（二）减小误差概率

在进行计算机视觉图像精密测量时往往会出现误差，而这些误差出现的原因主要在于人员操作与机器系统故障，在进行操作前操作员应对于仪器进行系统性的检查，再次使用仪器中的自检系统，保证仪器的硬件与软件正常运行，如果硬软件出现问题会导致测量精度的误差，从而影响工作的进度。人员操作也会导致误差，人员操作的误差在某些方面来

说是不可避免的。这主要是对操作人员工作的熟练程度的一种考验，主要是对于仪器的架设及观测的方式。减少人员操作中的误差，就要做好人员的技术技能培训工作。让操作人员有过硬过强的操作技术，在这些基础上再建立完善的体制制度，全面控制误差。

（三）方便便携

在科学技术发展的今天，我们在生活当中运用到东西逐渐在形状、外观上发生巨大的变大。近年来，对于各种仪器设备的便携性提出了很高的要求，在计算机视觉图像精密测量中对设备的外形体积要求、系统要求更为重要，其主要在于人员因其方便携带可在大范围及野外进行测量，不受环境等特殊情况的限制。

三、计算机视觉图像精密测量发展趋势

目前我国国民经济快速发展，我们对于精密测量的要求越来越高，特别是近年来我国科技技术的快速发展及需要，很多工程及工业方面已经超出我们所能测试的范围。在这样的前景下，我们对于计算机视觉图像精密测量的发展趋势进行一个预估，其主要发展趋势有以下几方面：

（一）测量精度

在我们日常生活中，我们常用的长度单位基本在毫米级别，但在现在生活中，毫米级别已经不能满足工业方面的要求，如航天航空方面。所以，提高测量精度也是计算机视觉图像精密测量发展重要趋势，主要在于提高测量精度，在向微米级及纳米级发展，同时提高成像图像方面的分辨率，进而达到我们预测的目的。

（二）图像技术

计算机的普遍对于各行各业的发展都具有时代性的意义，在计算机视觉图像精密测量中运用图像技术也是非常重要的。同时工程方面遥感测量的技术也是对于精密测量的一种推广。

在科技发展的现在，测量是生活中不可缺少的一部分，测量同时也影响着我们的衣食住行，在测量技术中加入计算机视觉图像技术是对测量技术的一种革新。在融入这种技术后，我相信在未来的工业及航天事业中计算机视觉图像技术能发挥出最大限度的作用，为改变人们的生活做出杰出的贡献。

第六节　计算机视觉技术的手势识别步骤与方法

计算机视觉技术在现代社会中获得了非常广泛的应用，加强对手势识别技术的研究有

助于促进社会智能化的快速发展。目前，手势识别技术的实现需要完成图形预处理、手势检测场景划分以及手势识别几个步骤。此外，手势特征可以分为动态手势以及静态手势，在选用手势识别方法时要明确两者之间的区别，通常情况下，选用的主要手势识别技术有运用模板匹配的方法、运用 SVM（(Support Vector Machine）的动态手势识别方法以及运用 DTW（Dynamic Time Warping）的动态手势识别方法等。

随着现代科学技术水平的不断发展，计算机硬件与软件部分都获得了较大的突破，由此促进了以计算机软硬件为载体的计算机视觉技术的进步，使得计算机视觉技术广泛地应用到多个行业领域中。手势识别技术就是其中非常典型的一项应用，该技术建立在计算机视觉技术基础上来实现人类与机器的信息交互，具有良好的应用前景和市场价值，吸引了越来越多的专家与学者加入手势识别技术的研发中。手势识别技术是以计算机为载体，利用计算机外接检测部件（如传感器、摄像头等）对用户某些特定手势进行精准检测及识别，同时将获取的信息进行整合并将分析结果输出的检测技术。这样的人机交互方法与传统通过文字输入进行信息交互相比较具有非常多的优点，通过特定的手势就可以控制机器做出相应的反馈。

一、基于计算机视觉技术的手势识别主要步骤

通常情况下，要顺利的实现手势识别需要经过以下几个步骤：

第一，图形预处理。首先该环节首先需要将连续的视频资源分割成许多静态的图片，方便系统对内容的分析和提取；其次，分析手势识别对图片的具体要求，并以此为根据将分割完成的图片中的冗余信息排除掉；最后，利用平滑以及滤波等手段对图片进行处理。

第二，手势检测以及场景划分。计算机系统对待检测区域进行扫描，查看其中有无手势信息，当检测到手势后需要将手势图像和周围的背景分离开来，并锁定需要进行手势识别的确切区域，为接下来的手势识别做好准备。

第三，手势识别。将手势图像与周围环境分离后，需要对手势特征进行分析和收集，并且依照系统中设定的手势信息识别出手势指令。

二、基于计算机视觉的手势识别基本方法

在进行手势识别之前必须要完成手势检测工作，手势检测的主要任务是查看目标区域中是否存在手势、手势的数量以及各个手势的方位，并将检测到的手势与周围环境分离开来。现阶段，实现手势检测的算法种类相对较多，而将手势与周围环境进行分离通常运用图像二值化的办法，换言之，就是将检测到手势的区域标记为黑色，而周边其余区域标记为白色，以灰度图的方式将手势图形显现出来。

在完成手势与周围环境的分割后，就需要进行手势识别，在该环节对处理好的手势特

征进行提取和分析,并将获得的信息资源代入到不同的算法中进行计算,同时将处理后的信息与系统认证的手势特征进行比对,从而将目标转化为系统已知的手势。目前,对手势进行识别主要通过以下几种方法进行:

(一)运用模板匹配的方法

众所周知,被检测的手势不会一直处于静止状态,也会存在非静止状态下的手势检测,相对来说,动态手势检测难度较大,与静态手势检测的方式也有一定的区别,而模板匹配的方法通常运用在静止状态下的手势检测。这种办法需要将常用的手势收录到系统中,然后对目标手势进行检测,将检测信息进行处理后得到检测的结果,最后将检测结果与数据库中的手势进行比对,匹配到相似度最高的手势,从而识别出目标手势指令。常见的轮廓边缘匹配以及距离匹配等都是基于这个方法进行的。这些办法都是模板匹配的细分,具有处理速度快、操作方式简单的优点,然而,在分类精确性上比较欠缺,在进行不同类型手势区分时往往受限于手势特征,并且能够识别出的手势数量也比较有限。

(二)运用 SVM 的动态手势识别方法

在 21 世纪初期,支持向量机(SVM)方法被发明出来并获得了较好的发展与应用,在学习以及分类功能上都十分优秀。支持向量机方法是将被检测的物体投影到高维空间,同时在此区域内设定最大间隔超平面,以此来实现对目标特征的精确区分。在运用支持向量机的方法来进行动态手势识别时,其关键点是选取适宜的特征向量。为了逐步解决这样的问题,相关研发人员提出了利用尺度恒定特征为基础来获得待检测目标样本的特征点,再将获得的信息数据进行向量化,最后,利用支持向量机方法来完成对动态手势的识别。

(三)运用 DTW 的动态手势识别方法

动态时间归整(DTW)方法,最开始是运用在智能语音识别领域,并获得了较好的应用效果,具有非常高的市场应用价值。动态时间归整方法的工作原理是以建立可以进行调整的非线性归一函数或者选用多种形式不同的弯曲时间轴来处理各个时间节点上产生的非线性变化。在使用动态时间归整方法进行目标信息区分时,通常是创建各种类型的时间轴,并利用各个时间轴的最大限度的重叠来完成区分工作。为了保证动态时间归整方法能够在手势识别中取得较好的效果,研究人员已经开展了大量的研发工作,并实现了五种手势的成功识别,且准确率达到 89.1% 左右。

通常情况下,许多手势检测方法都借鉴人们日常生活中观察目标与识别目标的思路,人类在确认目标事物时是依据物体色彩、外形以及运动情况等进行区分,计算机视觉技术也是基于此,所以,在进行手势识别时也要加强人类识别方法的应用,促使基于计算机视觉技术的手势识别能够更快速、更精准。

第七节　计算机视觉下的汽车安全辅助驾驶技术

随着近年来人们生活水平的提升和民用汽车的使用率不断提高，交通事故的发生率也在不断提升，如何进行安全驾驶和安全出行已经是人们讨论的焦点问题，随着安全辅助驾驶技术的应运而生，加之从计算机视觉的角度出发，对汽车安全辅助驾驶技术进行了优化，通过研究分析汽车驾驶中出现的实际可以有效避免的交通事故，降低交通事故的发生率，给汽车安全驾驶提供一定的保障，使安全辅助驾驶技术得到创新和升级。

我国民用汽车的使用量也在逐步上升，促进了后续汽车市场的发展和创新，汽车保养和汽车维修以及美容等汽车项目陆续出现，汽车安全辅助驾驶技术随之出现，如何降低交通事故的发生率是一个值得研究和探讨的问题，通过主动安全方式将汽车驾驶的辅助功能进行优化和改善，提高驾驶汽车的安全性和稳定性。安全辅助装置主要是指采用有效的装置降低汽车交通事故的出现和发生，提高驾驶员的行驶途中的安全性。通过高效和科学的方式能够有效地避免交通事故。传统的安全设置辅助系统已经不能满足现阶段的需求，通过对道路和汽车等方面进行智能检测和分析的方式，利用计算机技术提高汽车安全辅助驾驶的高效性。

一、汽车安全辅助驾驶的重要性

（一）运用汽车安全辅助驾驶意义

汽车速度和效率的不断提升和驾驶员的驾驶技术提升以及汽车使用率的不断增加，给道路交通安全带来了一系列的问题。如何通过有效的方式降低汽车道路危害，提高驾驶员的安全性和稳定性，是汽车生产制造商和交通管理部门一直研究的问题。驾驶员在驾驶途中的不规范和不严格的驾驶行为给道路交通造成了很多负面影响，一系列的交通事故惨案和人员的伤亡给人们的生命财产造成了一定的威胁。驾驶员疲劳驾驶、酒后驾驶等因素导致交通事故的高发生率。违法的驾驶行为是驾驶员对自身和他人生命的不负责，给路上的行人和驾驶员带来了重大的安全隐患。降低汽车驾驶的事故发生率，需要驾驶员对自身进行严格约束和管理，提高安全驾驶的责任意识，还需要加强汽车安全驾驶的技术和研发。运用汽车安全辅助驾驶技术可以通过科学技术的方式减少通事故的发生，不断地升级和创新安全辅助驾驶技术能够有效地保证人民的生命安全。

（二）计算机视觉下运用安全辅助驾驶技术

计算机视觉下采用安全辅助驾驶技术能够有效地降低交通事故的发生率，通过科学技术的监测和控制，及对汽车的运行和使用状态进行管理，在汽车出现问题时能够通过科学的方式和手段提醒驾驶人，减少交通事故的出现，便于驾驶人对周围事物和环境的感知情况，分析和判断当时环境的隐患，便于驾驶员及时有效地采取措施进行解决。传统的安全辅助系统具有一定的局限性，传统的安全辅助系统只能在事故发生时起到安全辅助作用，降低驾驶员的损伤和事故发生的严重性。计算机视觉的安全辅助驾驶系统可以通过科学技术的方法加强对周围事物和环境的感知和监测，提高驾驶员的驾驶安全性，在事故发生前及时警示驾驶员，提高驾驶安全性和稳定性，能够有效地降低交通事故的发生率和保证驾驶员的生命安全。

采用计算机技术，通过图像环境的识别技术能够高效地描述周围事物的景象和完整性，根据人的习惯行为对环境进行展现。传统的激光和雷达技术具有一定的局限性，在信息传输时存在误差。将图像识别技术和传感器技术运用在汽车的行驶导航中，能够有效地对障碍物和其距离进行有效的判断和检测。汽车安全辅助驾驶系统能够通过对外界环境的感知和人机交互的能力结合运用，是具有一体化和强大能力的系统。现阶段，对于无人汽车系统的研究在逐步开展，安全辅助系统能够有效地降低驾驶员的自身危险和对他人造成的损伤，有效地缓解交通压力和降低交通事故的发生率。

二、计算机辅助安全辅助驾驶技术分析

（一）目标识别技术

目标识别技术是计算机安全辅助驾驶系统的重要核心部分，它能够给系统的监测和决策提供分析和参考。由于道路交通存在一定的复杂性和多变性，需要对目标进行高准确度的判断和分析，通过实时的识别提高决策的准确和严谨。本节主要的识别目标包括车辆、行人、车牌和车标。目标识别主要为传统目标识别技术。

传统的目标识别技术主要是通过将原始的图像进行识别和分析，再采用手工分析其特征的方式对其进行分析和解释，最后再用分类器进行数据的导入和设计。且由于事物的变化多样性和在采纳图像时会受到光线和噪音的干扰等影响，对于信息的采取和识别上会存在一定的误差和不准确性，不便于对图像信息进行分析。因此，在对图像进行识别时，要通过将目标图像的内容中其他背景信息进行预先处理，主要的处理方式为图像灰度化和图像滤波等方式，手工提取图像特征一般是根据图像的多种特征进行分析，并分析选择符合程度最高的一种，在选取时应该具有显著的差异性和可靠性，有利于进行高效的分类。

（二）目标测距技术

现阶段，安全辅助驾驶系统中主要采用的目标测距技术为：超声波、激光、机器视觉。超声波的测距方法主要是根据超声波的传输时间进行判断，对目标的障碍物进行测量，这种方式计算原理较为简单、便捷，且成本较低，能够较高程度地对目标距离进行测量。激光的测距方式主要是通过一种仪器，将光子雷达系统运用其中，对目标范围进行测量，主

要可以分为成像式和非成像式两种方式，其具有测量范围广泛和准确度较高等优势。成像式激光测距方式主要是通过扫描的机器对激光发射的方向进行控制，通过对整个环境的扫描和分析从而得到目标的三维立体数据；非成像激光测距方式主要是根据光速的传播时间和速度来确认与目标之间的距离。机器视觉下进行测量距离主要是单目的测距和双目的测距。单目测距的方式在成本上具有一定的优势，但是在精准度上弱于双目的测距。

三、计算机视觉在驾驶状态检测中的应用

汽车安全辅助驾驶技术主要是指通过安装智能的安全检测系统对汽车驾驶起到安全辅助作用。智能安全检测系统主要是通过科学技术的感应装置和智能检测对汽车的驾驶途中的运行状态进行分析。系统通过检测，对行驶中产生的意外问题及时有效地报警，比如，汽车出现意外性的偏移、行驶途中与附近的车辆距离过近、周围有危险的障碍物等情况。采用警报的方式提醒驾驶员，在情况焦急和危险时，有效地采用智能的解决措施对汽车进行部分合理的控制，降低事故的发生概率。目前对于智能汽车安全辅助驾驶中，包括对于车道偏移安全区域、智能控制距离和周围障碍物的检测评估，以及对驾驶员的行驶状态辨别和车速的控制管理等。在采用计算机视觉技术之前，汽车安全驾驶辅助系统主要是通过对驾驶的状态进行智能检测，但是具有一定的局限性和不准确，只是单纯地停留在对参照物的反映，比如在对汽车行驶的路程偏移、驾驶的时间计算和遇到障碍物的反映情况等。没有准确高效的判断系统和程序对驾驶员的驾驶状态进行检测。

计算机视觉的采用能够高效地对驾驶员的监测状态进行控制。通过对驾驶员的驾驶状态的面部状态进行智能和高效的识别，分析和判断驾驶员的行驶状态，确认是否存在疲劳驾驶和酒后驾驶等不安全驾驶行为。计算机视觉下汽车安全辅助技术能够有效地提高驾驶的安全性，对人体的行为和面部表情的控制和分析，使驾驶员的智能判断得到进一步提升，使汽车辅助安全技术在驾驶中发挥作用和效果。

四、对未来安全驾驶辅助系统的展望

在未来的安全驾驶中会更多地应用计算机等高科技技术，提高智能安全驾驶的有效性，通过计算机的准确和智能化，提高驾驶员的高效驾驶和安全性，降低交通事故发生概率和安全隐患的出现。

（一）运用单片机设计的驾驶安全辅助系统

科学技术和智能化的普及应用，大大提高了人们生活水平和智能化。在汽车的行驶中，会产生各种多样性的问题，遇到问题的驾驶员可能会茫然和不知所措，不能及时有效地做出反应和应对措施。比如在疲劳驾驶和酒后驾驶中，采用单片机辅助系统能够对汽车长时间的驾驶、汽车内产生的有害物质和气体、驾驶员不遵守交通规则和疲劳驾驶情况实时有

效地监测和警报，高效地提供监测反馈报告。例如，在车内有害气体上升时，可以通过警报的方式提醒驾驶员开窗，驾驶员酒驾等不良驾驶行为可以及时被制止和提醒，车上有小孩或者等贵重物品遗留时可以通过报警的方式提醒驾驶员。

（二）防碰撞安全辅助装置系统

驾驶员在日常驾驶中，尤其是在高速公路高速行驶时，会突发性地产生驾驶问题，特别是汽车在高速行驶时，驾驶员不注意的行为都会导致事故的发生，很多突发性的事故是难以避免的，驾驶员在遇到紧急情况和异常情况时，人的反射系统和反应会有一定的延迟，但是汽车在运动中也会产生相应的惯性运动致使车辆不能及时停止，最终导致车辆和人员都受到不同程度的损伤。汽车驾驶防碰撞系统主要是将计算机和智能系统装置在汽车上，计算机的反应速度和数据信息丰富，对于突发性的事件反应时长比人类短，可以通过系统程度的设置对突发问题进行控制，采取有效正确的措施对汽车进行控制，降低交通事故的发生情况。

（三）智能交通安全驾驶系统

智能交通安全系统可以将道路行驶和人与车相结合，采用高科技的技术提高行驶和道路的实时监测，加强驾驶员在行驶路程中的感知能力和监控，通过实时的监控数据，将道路的情况和车辆的信息进行分析，确认是否存在安全隐患等问题，提醒和告知驾驶员，减少交通事故的出现，有利于及时采取有效的措施对危险问题进行预防和控制，提高安全辅助驾驶技术。

综上所述，计算机视觉技术可以通过智能安全辅助系统对驾驶员的驾驶状态进行智能判断和分析，通过实践和数据分析的方式，可以及时高效地判断驾驶员的行驶状态和面部特征，提前做好预防措施，降低交通事故的发生率，提高汽车安全辅助驾驶技术的高效性和稳定性。

第四章　计算机视觉技术的创新研究

第一节　计算机视觉与农作物长势监控

近年来，人们对计算机应用的不断深入，使计算机在农业领域发展中扮演着重要角色，利用计算机来对农作物长势进行监控，对于提高农民经济效益，促进现代化农业发展有着十分重要的意义。基于计算机视觉来研发一种用于农作物长势的监控系统，能够帮助农民更好地了解农作物的生长情况，使农民能够根据农作物的长势来采取更具针对性的种植技术，进而达到增产增收的目的。为此，本节便对基于计算机视觉的农作物长势监控系统进行深入研究，以此探讨其在现代化农业发展中的相关应用。

我国现代化农业发展进程的不断推进，使国家对现代化农业发展日益关注，由于城市建设规模的不断扩大，农业用地正日趋减少，这也造成农业供需矛盾不断加剧，如何更好地对农业耕种土地进行合理利用，以更好地发展我国现代化农业，已经成为农业领域可持续发展的重要话题。而在现代化农业发展过程中，数字化技术的进步，为农业土地的高效利用提供了可靠的技术支持，特别是农作物长势监控系统的诞生，为农作物的智能化、信息化种植创造了有利条件。

一、基于计算机视觉的农作物长势监控系统原理及构成

（一）系统原理

在农作物长势监控系统中，计算机视觉技术是系统中的核心技术，以计算机视觉技术来构建农作物长势系统，能够使农民更好地了解农作物的生长情况，并通过相关信息的处理与分析，来制定出科学的农作物种植策略。基于计算机视觉的农作物长势监控系统由两个部分组成，分别是植物工厂与基站。在植物工厂中设置有视频采集系统与指令执行系统，基站则包含数据处理器、无线传输系统及信息处理器三个部分。在植物工厂中，利用视频采集系统来对农作物的生长过程图像进行拍摄，并生成相应的视频信号，利用无线传输系统发送到数据处理器当中，由数据处理器中的专业计算机视觉软件来对农作物的生长图像进行分析，进而提取出农作物的颜色与形态特征，然后将这些特征信息传输给信息处理器，

信息处理器会对这些接收到的特征信息进行分析，以此判断农作物的生长潜力、病虫害发生情况及其健康情况，然后提出相应的控制命令来对农作物的生长环境进行调节，控制指令在传输到数据处理器以后，会由无线传输系统将这些指令发送到指令执行系统当中，由指令执行系统来执行控制指令，进而完成农作物长势的相关控制与调节，使农作物最终实现增产增收目的。

（二）系统构成

在基于计算机视觉的农作物长势监控系统中，植物工厂是其重要主体，利用植物工厂来对农作物的温度、光照等生长条件进行精准控制，能够有效避免农作物受到不良环境的影响。在植物工厂中，其视频采集装置选用的是 CT-CA501 型 CCD 摄像机，该摄像机的成像清晰，其像素能够达到 200 万以上，并且性能也较为稳定。这使其能够在不同农作物的生长环境中进行有效使用。指令执行系统中则包含有不同类型的智能化调节设备，如智能化喷药设备、智能化光温调节设备、智能化施肥设备等，在该系统中，单片机能够根据控制指令来实现这些设备的控制功能。无线传输系统能够实现基站与植物工厂之间的视频数据或命令传递功能，在无线传输系统中采用 FPGA 调制模式。该系统能够对可视数据及相关指令进行可靠连续的传递。在农作物长势监控系统中，其数据处理器主要是利用计算机来进行数据处理工作的，在计算机中安装有专业的农作物生长数据分析软件，并设置有诊断决策数据库，以此确保计算机能够对农作物数据进行分类，同时根据控制指令对农作物在各个生长阶段的相关数据进行存储。

二、农作物长势图像的处理

在基于计算机视觉的农作物长势监控系统中，计算机中安装有 MATLAB 工具箱，以便于计算机对摄像机拍摄的农作物图像进行处理。为了使农作物长势的图像能够更加清晰，应对摄像机拍摄的农作物图像进行预处理，预处理工作主要包括图像平滑处理与灰度化处理。对于农作物图像来说，图像中的颜色往往较多，这也使其会对目标的识别产生一定干扰，因此，需要依据农作物的实际生产情况，利用 RGB 颜色模式中的加权平均数来充当灰度化值，需要确保摄像机在对农作物进行拍摄时，农作物自身处于静止状态，并且光照强度要适中，应通过中值滤波法来对图像中的噪音点进行去除，以此实现图像的平滑处理。在对农作物图像进行预处理以后，还要根据预处理后的图像来建立相应的直方图，同时根据农作物区域和生长背景之间所产生的差异程度，通过分割阈值的方法来对图像进行灰度化分割，确定图像中的最佳阈值，以便于图像能够有一个良好的识别效果，然后根据图像中农作物的生长高度、生长颜色来进行分析，以判断农作物的长势。在对农作物生长图像进行识别时，应将农作物的最小外接矩形长度当作株高，而农作物的生长颜色则可以 GRB 颜色模式中的颜色特征来作为参数，以此构建模型，从而实现对农作物生长情况的分析与预测。

总而言之，基于计算机视觉技术来构建农作物长势监控系统，不仅能够使农民更好地掌握农作物的生长情况，提高农作物种植的科学性，同时也在很大程度上节省了人力、物力投入，实现了对农作物的科学种植，进而使农作物的产量大幅提升，增加农民的收入。由此可见，在现代化农业发展中，基于计算机视觉的农作物长势监控系统必将具备广阔的发展前景。

第二节　计算机视觉与智能传播领域

计算机视觉是人工智能的重要技术分支和研究方向，具有信息获取、处理与传播功能，其模仿甚至超越了人的感知系统，深入渗透信息传播的各个流程，增强传播效果，同时也使传播方式更加智能和多元，因而也是智能传播的重要研究领域。作为一种"数据化"的人，计算机视觉能够进行"人内传播"，具备了人的主体性，在此基础上我们更需关注计算机视觉的隐私泄露、信息失范和价值观偏移风险，以人机协同方式共筑智能传播生态。

人工智能技术的发展拓宽了新闻传播学的研究领域，用技术的思维去思考和建构新的信息传播方式是近年来学界和业界的研究热点，自然语言处理等人工智能技术也是智能传播发展和研究的动能所在。麦克卢汉指出"媒介即人的延伸"，计算机视觉模仿和延伸了人的眼睛和大脑，因此也可以被视为一种媒介。在万物皆媒的当下，计算机视觉的信息获取、处理与传播的特性则从新闻报道、舆情监测、体育直播等方面对传媒领域产生重大影响。

中国科学院自动化研究所的胡占义研究员将计算机视觉定义为以图像、视频为输入，以对环境的表达和理解为目标，研究图像信息组织、物体和场景识别，进而对事件给予解释的学科。计算机视觉也可以被看作模拟人眼与人脑的过程，其通过摄像机等图像获取设备采集静态或动态图像素材，用计算机程序和算法对图像素材中的特定对象进行识别、跟踪与测量。计算机视觉技术已大量应用于传媒领域的内容生产、传播与运营等阶段，极大地丰富了信息传播样态。

一、智能传播领域中的计算机视觉

20世纪50年代，大卫·休伯尔和托斯坦·维厄瑟尔的视觉实验掀开了计算机视觉研究的大幕。拉塞尔·基尔希和他的团队研制出了世界上第一台数字图像扫描仪，计算机获取图像信息开始成为可能。经过几十年的发展以及深度学习等理念的融入，计算机视觉不仅成为一门独立学科，同时也延伸出了图像分类、目标监测、图像分割等研究领域。

（一）模仿与超越：类人的"看见"

人类可以识别出现实环境中的不同含义的事物，并通过已有认知和记忆将事物进行归类，以获取所需信息。计算机要完成这一过程，也必然需要具备识别、归类能力。图像分类是计算机视觉的一个基础研究方向，具体可分为跨物种图像分类、细粒度图像分类以及实例级图像分类。例如，计算机不仅要分得清图像是人而不是动物，也要分得清是哪个肤色的人种，甚至通过人脸的数据比对来判断是皮特而不是詹姆斯，这就是不同级别的不同分类效果。随着数据库的丰富和算力的指数级提升，在某些方面计算机的分类能力甚至已经超越了人类，人脸闸机、智能相机等都是图像分类能力的应用与延伸。

相较于图像分类，目标检测不仅要确定主体的类别，更致力于辨明主体的位置。现实场景中不只有一个主体，而是多种类、多主体并存的，这就对计算机的识别和定位能力有了更高的要求，计算机需要对图像中的多个主体进行类别和位置信息的描述。目标检测也是目标跟踪能力实现的前提，该能力也常被应用于智能监控、智能导航等领域中。

图像分割是由图像处理到图像分析的关键步骤。计算机以画面中不同颜色、光照等特征为依据，对画面中的前景与后景，或多个主体之间进行分割，划分成若干个互不相交的子区域，以达到图像理解和分析的目的。例如，在遥感卫星图像中，可以应用图像分割能力区分城镇、森林和耕地等不同区域，并测算出对应区域的面积。此外，图像分割也广泛地应用于医学影像诊断、在线产品检验等领域。

每一个智能应用的实现都不是单一技术赋能，也不是多技术的简单堆砌，图像分类、目标监测和图像分割只是计算机视觉中的三个基础研究领域，在此基础上还延伸出了图像处理和三维理解等方向。随着研究的深入，计算机视觉对人类社会的改变将越加深刻，智能传播领域亦因受到计算机视觉技术的推动而向前发展。

（二）渗透与增强：内容生产、传播与运营的全流程参与

目前计算机视觉已经渗透各行各业，带给不同领域新的研究方向和课题，对于智能传播领域来说亦是如此。计算机视觉的发展和应用使信息传播过程更加智能和高效，AR（Augmented Reality）等新型传播方式增强了人们的感官体验，建构了更加多元化的应用场景。

在内容生产方面，计算机视觉可应用于图像和视频的采集及处理流程中，其通过复杂的集成算法对图像和视频进行降噪、增强等处理，以满足风格化的信息传播需求；亦可以通过解码和编码对视频进行格式转换和画面修复；同时可以对综艺节目和流媒体内容进行实时关键帧抽取等操作，以达到对视频内容的二次加工与实时传播目的。

在内容传播方面，计算机视觉的内容识别与跟踪也是 AR 效果呈现的关键技术。AR是一种超越现实的视觉增强应用，不仅可以通过虚实融合的方式来完成信息传播，同时也能以智能互动的方式增强人们的体验感和互动感。智能手机、智能眼镜等便携设备通过计

算机视觉技术来识别和跟踪人脸、手势、肢体等信息，从而对人的指令做出反馈，以达到智能互动效果。

在内容运营方面，计算机视觉也被广泛地应用于直播领域。在智能传播背景下，直播不仅仅只是网络意义上的另一空间内实时场景的同步再现，也被赋予了多维信息跟踪与堆叠的功能特性。在体育直播中，运动员的实时运动姿态识别与跟踪是计算机视觉的应用场景之一，运动员的运动轨迹和运动速度等数据可以被实时获取、监测和计算。在游戏直播和电商直播中，广告也可以通过此方式实时叠加于镜头中，以完成画面重建。

总之，计算机视觉作为一种模仿"看"的技术，天然具有智能化信息传播功能，其对传媒领域的渗透是全方位的，不仅是对传播效果的增强，同时也使内容生产、传播和运营方式更加智能和多元。

二、何以为"人"？计算机视觉的主体性思考

以往理解和认知的主体始终是人，但随着技术的进步，计算机开始"类人化"。计算机视觉在获取信息基础上，可以更进一步做到理解和认知。有学者认为，人工智能的出现不仅打破了人类独有主体的幻想，更将主体性范畴扩展到跨人际主体的全新领域。但当前的人工智能技术发展仍处于"弱人工智能阶段"，虽然计算机视觉可被视为一种"数据化"的人，具备一定主体性，但要真正成为一个类人智能体，并在智能传播领域中发挥效能还需更进一步的研发和训练。

（一）计算机视觉中的"人内传播"

人内传播是个人接收信息并在人体内部进行信息处理的活动。思考，即人内传播过程。计算机视觉不仅仅模仿人"看"的过程，同时也是一种进行着的人内传播过程，数据库即人脑的记忆，数据处理过程是人思考过程，思考又往往伴随着理解与认知。但计算机视觉的理解与认知又与人内传播中的认知存在差异。一是人的理解与认知是有经历的。例如，当看到一条狗时，人不仅可以识别出其种类和颜色，也会联想到自己曾经被咬的经历，而计算机视觉输出的内容仅仅是一只在某一环境下的独立个体，归根结底还是缺少人的经历和感受，以致无法完整理解场景中主体所隐含的意义。二是人的理解与认知是有情感的。人可以由某一场景或画面联想到自己的人际交往关系，从而产生情绪变化。例如，当人看到已故亲人的照片时会产生悲伤之感，而计算机视觉即使能识别出这是与本体有关联的人，也不会表达出任何情感，机器终究是机器。三是人的理解与认知是有道德的。人的成长离不开教育，而不论任何国家的教育，都将道德观念根植于本国国民心中，不同民族、不同信仰的人所遵循的道德标准也不尽相同，而计算机视觉无法收集和学习每个人的道德观念数据，也就无法判断其所获取的图像数据是否违反以及违反哪一种道德标准。

因此，目前的计算机视觉作为一个传播主体，它可以理解与认知场景中的数据所表达

的含义，但无论识别、处理和传播多么复杂的信息，进行多么庞大的运算，也终究无法具备人的经历、情感和道德。

（二）"数据化"的人

人工智能技术的发展可分为"强人工智能阶段""弱人工智能阶段"，区分强弱人工智能的标准就是其是否可以模拟人脑思维和实现人类所有的认知功能，是否是具有自我意识、自主学习能力、自主决策能力的自主性智能体。当前，可实现的人工智能是"弱人工智能"。计算机视觉同样是处于模拟阶段的弱人工智能，但若把计算机视觉看作对人眼和人脑的模仿的话，那么其也可以被看作"数据化"的人。一方面，受限于大脑的生理结构，人的信息接收和处理能力往往有一定限度，而计算机视觉却可以处理远超人脑负荷的复杂信息，并通过深度学习等过程来完成自我训练，从而理解与认知世界。从此角度来看，计算机视觉是对人视觉处理能力的增强，正如工业革命使机器代替了人的重复性劳动，人借助计算机视觉可以免去诸多需要大量人工进行识别、处理和传播信息的过程；另一方面，正如人们用惯了电脑打字就容易提笔忘字，当人们过分地依赖于计算机视觉的识别、处理和传播信息能力时，人的观察力、想象力和记忆力同样也会日渐弱化。机器代替的是人的重复性劳动，解放了人的身体，而计算机视觉则替代了人的理解与认知能力，降低了人的主体性。长此以往，人将面临成为计算机视觉"奴隶"的风险，这也是所谓"数据化"的人对真正人理解与认知能力的一种挤压。

计算机视觉可以模仿人理解与认知世界的过程，并向外界传递信息，逐渐为人塑造一个"拟态环境"，具有人内传播与大众传播的双重功能，是智能传播发展的必备技术，但人类不免也面临着相应的危机与挑战，要让计算机视觉更好地为人类服务，就应在明晰其风险的基础上，进行必要的伦理考量。

三、伦理风险：技术赋能背后的潜在制约

计算机视觉在内容获取、传播和运营等方面给人们带来了极大的便利，其作为机器，能进行简单的"拟人化"理解与认知，因而，可以作为一种"拟人化"的主体来看待，当其主体行为应用于信息传播领域中时，隐私泄露、信息失范与价值观偏移风险就成为急需探讨的焦点。

（一）隐私泄露风险

英国哲学家杰里米·边沁（Jeremy Bentham）为了使囚犯更好地被管理和规训而设计了"圆形监狱"，法国哲学家米歇尔·福柯（Michel Foucault）在此基础上提出的"全景式敞视"将"圆形监狱"理论的适用范围扩散至整个社会，而随着技术的发展，人的隐私也逐渐暴露于技术当权者手中。一方面深度学习能进一步提升计算机视觉的技术能力和精准度，此时建立一个巨量的数据库是技术能力跃升和开拓多元化智能传播应用场景的必然要求，收

集大量的用户图像、地理位置等信息在所难免；而另一方面，时下人工智能时代隐私侵权行为层出不穷，人们"裸奔"于智能社会中，人的社交、出行等行为数据时刻被监测，这使人们被一种"数码圆形监狱"禁锢，个人隐私数据或存在滥用风险，这也造成了技术应用与隐私保护之间难以调和的矛盾，看似平静的技术应用过程实则危机四伏。

（二）信息失范风险

人在创造人工智能的同时，赋予其相应的自主决策权，但在某种意义上，计算机视觉具有人的行为能力却无法承担人的行为责任。就目前的技术发展阶段而言，其还不足以避免因程序失误所带来的问题。例如，在舆情监测和引导过程中，当计算机视觉去识别、处理和传播重大舆情事件时，微小的失误也可能会造成严重的社会危机。此外，计算机视觉获取信息的渠道千差万别，而目前社交媒体等网络平台中充斥着大量谣言和虚假信息，人尚且无法完全根据自己的理解与认知去判断，遑论计算机视觉，若只凭机器的自主性去识别、判断和传播，无异于成为谣言和虚假信息的"放大镜""助推器"，使信息辨别成本大大提升，甚至会诱导人们做出错误的行为判断，造成难以估量的后果。

（三）价值观偏移风险

随着技术能力的提升，计算机视觉也将成为比人眼和人脑更加敏感的视觉和感觉器官，其信息理解与认知能力将进一步增强，为人营造了一个"拟态环境"，在此基础上价值观问题就日益凸显。技术中立者认为，"技术没有价值观"，但"快播案"恰恰说明，没有价值观的技术极易成为非法信息滋生和传播的平台。现阶段，计算机视觉的价值观取决于其存在的环境和被给予的训练数据。美国麻省理工学院的研究人员创造了世界上第一个"精神变态人工智能"，并命名为"诺曼"，其在学习了大量的有关死亡、尸体的负面内容后，识别的图像往往带有极端的消极倾向，若对计算机视觉的深度学习过程听之任之，将会产生严重后果。这也说明，若缺乏有效的监管，计算机视觉将有可能发生价值观偏移，以至于生产和传播诸多不良信息，进而影响人的价值判断。

四、人机协同共筑智能传播生态

明晰了计算机视觉于传播领域的应用中所面临的伦理风险后，人们必须积极地探寻应对之道。针对隐私泄露风险，从社会角度而言，技术当权者的自律和他律缺一不可，可以发挥社会化组织以及传媒机构的监管作用，在保证用户数据不做他用的基础上适度开发。从技术角度而言，技术研发者应于整个行业监督下，运用技术手段构筑一堵"隐私数据使用防火墙"，数据调用行为时刻被监管部门获取，同时确保用户隐私数据被使用的知情权，让技术应用与伦理规范在同一轨道下齐头并进。对于信息失范风险，计算机视觉的应用不能越过"把关人"而完全自主识别、判断与传播，对于风险小、难度小的信息可给予技术更大的自主权，而当面临重要的社会性信息时，专人的把关仍然不可或缺。在价值观偏移风险方面，人机协同共同建构计算机视觉正确的价值观对于技术应用来说至关重要，研发人员应将正确的技术逻辑写入计算机视觉的程序中，并运用积极正面的数据去训练和提升技术能力，不断监测和纠偏。事实上，各国际组织和国家都密切关注人工智能的伦理问题，并成立人工智能伦理委员会等组织，发布人工智能伦理原则，但就目前的技术发展阶段而言，计算机视觉等人工智能技术的正确应用仍需多方努力、共同参与。一句话，计算机视觉不能脱离人的控制而自由发展。

智能传播时代，计算机视觉已经成为重要的信息传播方式，并在传媒领域进行了诸多尝试和应用，其作为"数据化"的人，具备了一定的主体性，但高度的自主性不免使计算机视觉应用存在一定风险。霍金曾在全球移动互联网大会（GMIC）上预言"人工智能的崛起可能是人类文明的终结"。技术先行者们应在明晰计算机视觉潜在威胁的基础上引入人机协同理念，让其在人类的控制中发展，传媒从业者们也应该在适度使用的基础上发挥计算机视觉的信息获取、处理和传播优势，让技术更好地服务于人类。

第三节　计算机视觉与人脸识别领域

本节对计算机视觉在人脸识别领域中的应用研究工作进行探讨，并且提出具体的运用策略。第三次科技革命方兴未艾，计算机技术普及和运用活动正在深入进行。在多媒体信息时代，对于计算机视觉的技术研究工作需要进行更多的投入，以对人脸识别领域进行探索。人脸是图像中最为重点的内容之一，基于计算机视觉的人脸识别技术研究是近年来高校计算机专业师生的重点努力方向。很多高校都开展了相应的探索工作，设置与计算机视觉有关的课程，同时教师注重培养计算机专业学生的应用研究能力，并且调动学生的积极性，使他们可以在人脸识别领域进行深层次创新和创造。

人脸识别技术是计算机视觉与模式识别领域的课题之一，基于人的脸部特征而开展相关的活动。根据人的面部特征所蕴含的信息来进行身份识别活动，从本质上说这是一种生物识别技术，主要是进行信息的采集以及信息的分析。因此，需要运用到计算机视觉技术，采用摄像机或者是摄像头来进行人面部图像信息以及视频信息的采集，并且可以对于图像中所存在的人脸进行科学的跟踪以及检测，从而寻找更多的面部特征，提取信息，进行记忆储存和比对辨识，从而达到人脸识别的目的。近年来，人脸识别领域的研究成果迭出，更多的新技术和新概念得以运用，这也加剧了该领域研究活动的激烈程度。依托广阔的市场开展多样化的竞争，需要针对人脸识别技术本身进行探讨，因而，本节主要从计算机视觉的角度出发来进行进一步研究工作。

一、人脸识别技术的具体定义以及发展前景

人脸识别技术所包含的内容是十分广泛的，并且这也是一个十分活跃的研究领域，主要包括模式识别、计算机视觉、生理学、神经网络学、心理学以及数学等诸多学科。具有学科交叉的特征，也充分体现出了学科融合以及内容多元化的特征。人脸识别技术所广泛采用的方法是区域特征分析算法。这一统计算法可以对于生物学统计学原理以及计算机图像处理技术进行融合和创新，从而达到提高精确度、提高辨识度的核心目标。利用计算机以及其他的信息技术设备从照片以及视频中提取人像的特征，并进行比对和分析，从而达到识别人物身份的目的。人脸识别技术以及相关领域的研究工作正在深入进行，并且和移动支付、便捷通信等领域进行融合和交叉。中国人口规模相对较大，同时处于经济增长的稳定阶段。对于可靠性强、普及性强的人脸识别技术的需求越来越迫切。人脸识别技术以及计算机视觉技术正在逐渐走入人们的日常生活，从无卡取款再到刷脸支付，普及和推广的速度在逐渐加快，范围在逐渐延伸，其发展前景值得肯定。

大致可以将人脸识别的算法划分成两部分：基于特征的人脸识别算法以及基于外观的人脸识别算法。在人脸识别算法运用的早期阶段，主要是运用基于特征的人脸识别算法。但是由于容错度低并且普及效率低，因而，逐渐被新的算法替代。基于外观的人脸识别算法由于操作简单，同时技术门槛相对较低，受到了企业以及高校研究者的关注。根据人脸识别的定义来进行相关人脸识别技术的应用研究就显得尤为重要，这可以推动高校计算机专业面部识别领域研究活动的顺利进行。

二、计算机视觉用于人脸识别领域所应当遵循的若干原则

实用性原则：很多高校的计算机专业教师认为，人脸识别领域的研究工作应当和市场接轨，突出实践性的相关特征。而在进行计算机视觉相关技术的探究和运用时，也应当满足实用性的原则。在商业领域，人脸识别技术已经进行了普遍的应用，并且催生了新的营销手段和运营模式，带动了精准营销、便捷支付、定向推送、精确分析等活动的顺利推进。而在进行应用研究时，也应当从实用的角度出发来深化研究的内容和范围，在研究领域发现更多的研究热点和研究方向。因此，专业教学应当围绕着实用性原则而开展，同样实践研究工作也应当如此，突出实用性的本质特征。

创新性原则：人脸识别领域研究工作需要不断地进行创新。教师在进行教学时要进行教学方法和教学策略的创新，同样学生在开展基础应用研究时也要对自己的研究方法和研究理念进行创新。对计算机视觉的应用研究工作要从创新的角度出发，依托市场需求以及创新的本质要求来对人脸识别的算法进行进一步优化。从基于特征的人脸识别算法再到基于外观的人脸识别算法，以及精确寻找匹配等技术手段，都是在创新的要求下实现的。随

着信息技术的飞速发展，智能人机交互系统的推广、智能手机的应用普及活动都为创新活动提供了相应的"土壤"和"环境"。教师在开展教学以及研究时应该将运用的范围和领域进行扩大，将使用方法进行创新，无疑可以提高应用研究的整体效率。

安全性原则：中国正在向数字化、信息化社会迈进。对于人脸识别技术以及相应的计算机视觉技术的要求也在逐渐地提高，但是不会由于追求便利和快捷而放松对安全保障的要求。因此，计算机视觉在人脸识别领域中的应用研究的重点之一应当是安全性研究。从安全支付，再到安全出行、安全认证都需要如此，才能为人脸识别领域的发展奠定坚实的基础。对于用户个人信息的保护工作也要有条不紊地开展，通过人脸识别以及密码学研究，确保运用方式的安全是下一阶段的研究重点。

三、计算机视觉在人脸识别领域中的具体运用策略

（一）注重运用计算机视觉相关的技术拓展营销手段和运用范围

商业应用前景无疑是计算机技术普及和运用的最大推动者。很多高校的计算机专业的教师都会从商业领域的某一角度出发来进行人脸识别技术的开发和运用，从计算机视觉的角度发现更多的研究点。在商业领域人脸识别技术已经形成了一些新的营销手段，使精准营销、科学营销成为现实。据不完全统计，在一些品牌的专卖店里，店家都会利用人脸识别系统来对于顾客的面部信息进行精确采集和识别，同时对顾客的性别、年龄，以及在某一商品上停留的时间、在门店停留的时间，甚至是顾客的人种和肤色特征进行精确分析，然后进行判断和识别。店里的屏幕会进行有针对性的广告推送，运用计算机分析出顾客的个人喜好，进行的精准营销活动可以大大地提高顾客的购买欲，产生更多的商机。这种营销活动受到了人们的一致好评，同时也带来了一些新的问题。

计算机视觉可以在图片、文档、影音的元素上展现出更好的融合效果，依托计算机强大的计算能力进行 3D 仿真技术的广泛运用，相较于传统的平面图形展示，计算机视觉的运用范围更加广泛，同时具有更强、更加丰富的视觉感染力，用多种形式来给人们多种体验是该技术的特征之一，这可以让运用范围得以延伸。计算机视觉在人脸识别领域中的应用研究工作会带来巨大的经济效益，要注重运用范围的推广和普及，以市场推动研究，相信会提高计算机视觉在人脸识别领域的研究和运用范围。例如，计算机视觉在进行安全系统信息收集、信用卡验证、医学档案管理、视频会议以及公安系统的罪犯识别等方面具有非常巨大的运用潜力，这些都成为计算机专业研究者的关注重点。

（二）开发人脸检测与跟踪技术以提高计算机视觉应用研究的效率

对于人脸的检测是人脸自动检测和识别系统的一个关键环节。该技术已经成为图像处理与模式识别领域的重点内容，同时也是人脸识别领域中的基础研究方向。从具体的定义来看，人脸识别技术是基于人的面部特征信息而进行的身份识别。但是这中间要经过好多

环节，需要诸多技术设备的支持。因此，人体识别智能监控系统的作用是极其重要的，这可以使得人脸检测与跟踪技术得到深入的运用。计算机视觉在人脸识别领域中的应用研究的目的之一是根据所定位的人体进行人脸识别，这样可以增强系统的抗干扰性，提高正确的分辨率，以及运行率，同时还可以增强系统整体的实用性。人脸已经成为日常生活中最重要的名片和标签，人脸识别技术将会渗透于生活的各个角落，彻底改变人们的生活方式。智能人机交互系统的应用需求在扩大，人脸问题的研究将会成为计算机视觉的研究内容。定向检测与定向跟踪将会成为现实，这已经成为计算机领域的核心课题之一，并且对于人脸检测与跟踪技术进行创新和发展可以体现出实用价值和研究意义。电子商务的迅猛发展，电子银行、掌上银行的普及对于网络安全的要求在逐渐增多。因此，急需高效的自动身份认证技术，通过人脸检测与跟踪可以实现与密码学的科学结合，为网上用户的不接触交易提供更多的保障，从而为电子商务本身的跨越式发展奠定坚实的基础。这些都需要高校计算机专业的教师和学生进行深入的探讨，切实扮演重要的角色，发挥积极的作用。

（三）针对根据几何特征的人脸识别方法进行研究和运用

构建一个可以模仿人类感知，并且自动识别人脸的计算机系统是计算机视觉研究的重点方向，同时这也是人脸识别领域的经典问题。这就需要运用到表情识别技术以及根据几何特征的人脸识别法。在人脸表情识别算法中需要对于面部的几何特征进行提取。当同一个人的面部表情发生变化时，所提取到的几何特征也会产生变化。这就会带来很多的问题，同时也会降低识别的准确度，影响整体的识别效果。要想针对性地解决这些问题，就需要根据现有的技术手段来改进几何特征的三维人脸识别方法。因此，可以采用局部形状特征，如人的眼睛、口腔以及鼻子。根据这些局部形状特征来判断提取人的脸部特征点的形状和几何关系，以此为依据对面部特征进行判断。人脸的轮廓各不相同，位置和分布也存在差异，因此，需要运用到相对距离以及形状的算法，同时这些算法的识别速度相对较快，需要的运行内存相对较少，可以通过这些算法来求出几何特征的关联程度。计算哪一种几何变化与识别的结果是无关的，哪一种又是有关的？这可以解决人脸表情变化时的准确三维识别问题。开展仿真和运用，进行具体方法的改进，可以使识别更加高效，同时提高准确性，使计算机视觉在人脸识别领域中的应用研究工作顺利进行。

（四）基于红外图像的多光源人脸识别技术的研究和运用以提高计算机视觉的运用效率

在复杂环境下来进行人脸识别是计算机视觉应用研究的重点内容之一。人脸识别技术以及多光源识别的结合可以实现技术性的突破。这可以使人脸识别不再受到昼夜环境以及时间的束缚，进而提高整体的识别和运用效率。与此同时，人的一些生物特征，例如，虹膜、指纹都是不同的，具有不被复制的独特特征。这可以为人脸识别以及专业身份鉴别提供更多的可行性。面部图像的外观会随着光照条件的变化而产生差异，这种差异往往要大于因人不同而产生的差异。这就需要对于多光源下人脸识别技术进一步进行探讨，尽量避免光照的影响。这也是人脸识别技术面临的困境之一。在此基础上进行红外光线的技术运用就显得尤为必要。基于红外图像的多光源人脸识别技术有十分广阔的运用前景，要加强相关交叉技术的研究力度，提高整体的研究效率。并且人脸识别具有无须被采集对象配合、无须直接接触就可以实现多目标信息采集以及信息判断的优点。因此，要根据实际运用环境和运用范围来进行更深层次的研究，使计算机视觉在人脸识别技术应用研究领域可以取得更多的突破。

总而言之，计算机视觉在人脸识别领域中的应用研究活动已经取得了突破性的进展，计算机专业的教师和学生一起开展了深入的探究，紧跟科技前沿，立足市场需求，确立教学目标和研究目标。对于面部识别以及人工智能、计算机技术普及应用开展了更多的研究，在研究的过程中不断地发现问题、解决问题、计算机专业领域的教师和专家学者注重对学生进行指导，不断地提高对学生的要求，给学生营造良好的实训环境，为计算机专业教学活动的顺利推进奠定良好的基础。高校计算机专业的师生以及专业研究人才对于人脸识别技术的了解和认知也在逐渐深化，人脸识别领域的应用范围和市场需求都会逐渐扩大，为计算机视觉等技术的普及运用奠定了良好的基础。人脸识别技术和相关的识别系统的性能也在不断地发展和完善。本着服务于人民群众，服务于社会需求来开展应用研究是下一阶段的重点方向。

第四节　计算机视觉与水产养殖过程

本节主要比较传统人工测量手段与计算机视觉技术的不同。对养殖水环境监控、鱼类生长监控、鱼类行为监控及投饵监控等方面的计算机视觉技术应用情况进行了综述。

近年来，水产养殖业作为农业生产的重要组成部分，发展迅猛，成效显著。目前，中国是世界上唯一水产养殖产量超过捕捞量的国家，水产养殖产量占全球总产量的70%以上，已经连续20多年位居全世界首位。水生动物的形状、颜色、尺寸和纹理等外观指标，是水产养殖业中一项非常重要的基础信息。水生动物的外观不仅能直观地反映出该动物的生长状况，同时也为养殖者进行喂养、用药、捕捞、分级以及水环境监测等提供信息依据。

一、人工测量

由于水生动物具有极强的敏感性，非常容易受胁迫，在采用手工接触式测量时，容易对其造成伤害，甚至会导致疾病和死亡，从而影响水生动物的正常生长。同时，手工接触式测量容易受到操作人员的经验、习惯、偏好等主观因素及外部环境干扰的影响，导致整个检测过程耗时费力，且检测的结果主观性很强、量化困难、出错率高、整齐性差。

二、计算机视觉在水产养殖行业中的应用

作为快速、经济、一致、客观无损的一项检测手段，计算机视觉技术在测量线性尺寸、周长、颜色、面积等外观属性方面有着传统手段无法比拟的优势。随着计算机信息技术、光学成像技术、图像处理和模式识别技术等现代化技术的飞速发展，传统的检测手段正逐渐被计算机视觉技术的自动化检测手段代替。研究人员对计算机视觉技术在水产动物外观属性的测量方面开展了大量的相关研究，其研究对象主要涵盖鱼、虾、蟹、贝等多种水生动物。目前，计算机视觉技术已逐渐成为水生动物的精细化工厂养殖关键技术手段。

水质监控养殖水体中的许多参数需控制在合理的范围之内，才可保证水生动物的良好生存环境。我国的水产养殖业中，多采用不能长期连续使用的非在线型水质测试仪表。这种仪表在使用过程中，容易由人为或仪器等原因造成测量数据误差，即使是全天不间断地测试水质，这种误差也仍然存在。随着工厂化水产养殖技术的发展，20世纪末开始研究自动化水质监控系统，对养殖水体中的水质指标进行监控，如：温度、浊度、溶氧、亚硝酸盐、氨氮、盐度、酸碱度等。目前溶氧、温度等指标的监控技术应用比较广，水体净化设备和增氧设备等与其相关的执行机械的监控应用也颇多。

生长监控对于水产养殖业来说，定期检测鱼体尺寸、重量等是一项非常重要的工作。传统的定期撒网捕捞检测容易对鱼体造成损伤，严重影响其后期的生长发育。利用计算机视觉技术的图像测量技术测量水中鱼体的大小，从而判断鱼体的生长情况，对校正之后的鱼体图像进行去噪、二值化、分割，得到鱼体的长、宽，鱼眼位置，鱼尾位置等。众多实验数据表明，计算机图像测量技术和人工测量方式相比，鱼体尺寸的实际值与测量值并没有太大的差异。朱从容报道RUFF、HARVEY、JONES等不同品种鱼体的样本试验结果均表明计算机视觉图像测量值与实际值之间无显著差异。

林艾光等采用计算机视觉技术检测扇贝大小，识别精度远远大于机械分级机，平均相对误差仅为2.12%，既避免了机械碰撞等对扇贝造成的损伤，同时检测精度也能够满足使用要求，因此，用计算机视觉技术控制扇贝分级是可行的，且实用价值很高。

行为监控动物行为与其生理状态及外界刺激密切相关，是机体的重要功能表现，水体环境有所改变或者水生动物受到刺激时，动物也会表现出相应的异常行为：当水体溶氧缺少的时候，鱼会拼命往水面上游动；鱼生病时，其肢体无力，表现为游速变慢，对外界环境的刺激反应迟钝；当鱼感染寄生虫时，则会表现出跳跃出水面等行为。

由于鱼类生活于水中，用传统的人工观测法来鉴别鱼病较为困难，容易延误时间，从而导致错过疾病治疗的最佳时期。计算机视觉技术的应用，可以更快速、更直观地检测到鱼类行为，一旦发现其有异常行为时，系统会自动报警。同一鱼塘中的鱼品种都相同、大小相近。当观察到鱼塘中鱼出现侧翻，说明有不适或者即将死亡的情况。由于池塘水背景色较深而鱼腹颜色较白，所以观测很容易。刘星桥等采用统计方法分割了池塘水背景色及

病鱼的阈值，分别得到了池塘内鱼体面积与腹部白色面积。池塘背景色和鱼腹部白色，将两个颜色区域分割开，再统计鱼腹部白色区域面积大小，当此面积等于或大于统计值下限且小于统计值上限时，可视作鱼已经出现了不适，即可触发报警系统。计算机视觉技术的应用，既可以减少人力的消耗，又可以节省时间和成本。

投饵饲喂是水生动物养殖过程中非常重要的一环，减少投饵过程中的浪费不仅可以降低水生动物的饲养成本、增加利润，同时还可以减少污染水体的残饵量，有效避免水质恶化，使水生动物生存环境得到改善，从而保证养殖动物的健康状态。因此，投饵监控是现代水产养殖业所不可缺少的工作之一。利用计算机视觉技术来控制投饵，不仅可以及时改变饵料投放量，还可以利用水下摄像机观察投饵过程中鱼群的聚集情况，由此来判断鱼的健康情况与饵料的使用情况。

近年来，计算机视觉技术在渔业生产中的推广应用不断加强，技术手段越来越成熟，同时也存在一些困难需要解决。由于水生动物都生活在水下，因此，水质、水温、水流、鱼鳞片反光等因素均会影响计算机视觉技术的测量结果。继续深入开展图像处理技术新方法、新手段的研究，以获得高质量图像、减少测量误差，提高测量结果的准确性，从而使计算机视觉技术在水产养殖业的应用前景更加广阔。

第五节　计算机视觉算法的图像处理

以往人们所使用的 2D 显示方式仅仅能够对单一物体侧面投影进行显示，这是因为当时的投影显示受到技术发展水平限制。伴随科技发展及人们需求水平提升，3D 立体影像被科研人员提出，并使显示技术得以发展，可将计算机视觉算法用于图像处理工作中，可经 3D 体素来对 3D 空间中的实际位置进行表示，从而使 3D 空间图像得到有效的构建，并使视觉效果得到提升。可依据计算机视觉算法，来实施图像处理技术，从而实现通过 3D 体素来对物体在 3D 空间内表示出实际坐标并且还能够将投影所致畸变图像进行矫正，与传统 BP 神经网络相比，基于计算机视觉算法的图像处理技术更具有优势，且精度也比较高。

一、研究内容简介

（一）计算机视觉算法简介

该算法是一种数学模型，该模型能够对图像进行有效处理，属于人工智能技术的一种重要而又常见、常用的数学模型，其所形成的技术优势比较强势，其实质主要是通过数据或图像来对所需信息进行获取。对人类而言，对于各类图像可通过自身理解为依据来进行直接分析，但是通过计算机来对图像进行分析，则可以形成多种解释方式，从整体来看颇为复杂化，所以，相关研究者以图像类型来对其分析，以模型完成图像解析，从而使该算法最终得以形成。这一方法在实际应用时，能够将其优势灵活运用，从而可对图像进行准确的识别，并且还能够以 3D 模型及所做出的模拟预测为基础条件，为人类提供更为有效的服务。

（二）图像处理技术简介

此项技术通常指的是以计算机技术为条件，对图像进行信息处理，因图像特点突出，在图形之中存在多种元素，可通过计算机技术将其存储，并对其做出调整，使图像处理得到有效实现。在实际应用的过程中，常见常用的图像处理技术包括图像识别技术、图像复原技术、图像分割技术、图像编码技术以及图像数字化技术等。这些技术的有效应用，能够使图像处理的质量得到进一步提升。

图像处理技术一般包括三个主要特点：第一，图像处理技术的精密度一般比较高。该技术可对图像数字化进行模拟，从而将 2D 数组进行获取。获取数组之后，若存在相关设备进行支持，还可对图像继续进行数字化处理，并将 2D 数组大小进行随意变更。通过扫描设备能够将像素灰度进行等级量化，从而提升技术精密程度，使人们的需求得到满足。第二，图像处理技术具有良好的再现性。技术工作人员在对图像进行处理的过程中，实际上并无过多的要求，通常只是想通过图像来对真实场景进行还原，从而使图像能够与现实更加贴近。常规处理方法通常是对图像进行模拟，但这样一来会使图像质量降低，从而不能够达到还原现实的处理目的，而采用图像处理技术则能够通过数字化处理使图像与现实更加贴近，使精准度得到提升。并且图像处理技术还能够在图像质量得到保证的条件下对图像实施复制、传输和保存等一系列操作，具有较高的再现性。第三，图像处理技术具有广泛的应用性。常规处理模式下，不同格式图像需要通过相应的方法予以处理，而采取图像处理技术，则能够对波普图像、遥感图像以及光图像等各类图像进行有效处理，所以，图像处理技术的应用范围比较广，能够在诸多领域之中得到有效应用，并对各类图像实施有效处理。

二、基于 3D 立体显示的视觉系统设计

（一）3D 重构

与 2D 显示技术相比而言，真 3D 立体显示技术较为复杂化，且技术水平较高，以 3D 数据场之中所包含的各个点作为条件，能够构建 3D 立体空间来成像，其中，像素点便是最基本单位，可用（x，y，z）作为其表达形式，从而可采用多个立体点构建真 3D 立体图像。在实际应用时，主要是通过光学引擎和机械运动原理来使光场的 3D 重构得以实现。例如，将五维光场函数作为实例进行说明，对 3D 空间分布的光场函数可表达为：$F: L \in R_5 \rightarrow \in R_3$，在该表达式之中，$L=(x, y, z, \Phi, \Phi)$，主要表示空间中点的

3D 坐标及其坐标方向，而图像颜色的信息可通过 $Y=(r, g, b)$ 来进行表示。3D 图像模型以及纹理在进行显示时，能够呈现出离散集点这一形式，可将其表达为：$L=(L_1, L_2, L_3, \cdots, L_n)$，而在对空间内部各点颜色以及位置进行表示时，则可以将其表示为 $L_i=(P_i, Y_i)$。在点集 L 之中，对其 h 深度的子集实施光场 3D 重构，可以根据其深度来实施划分，由此可知，能够分成若干个子集，并且在这一子集之中，每一个子集均能够形成光场的 3D 重构，从而使 3D 图像得以形成。并且通过 2D 投影技术来对切片图像进行重构，能够有效地提升运转的速度。

（二）计算机视觉系统设计

针对当前所常用到的 LED 点阵 3D 显示实施分析可得出，在成像时只可实现柱状成像，并使 3D 立体形式的光场得以形成，且光场具备较低分辨率，其视场角相对而言较小，所以，本次研究将设计一种真 3D 显示系统，该显示系统将 ARM 处理器实现智能交互，并对其优势进行灵活的利用，从而使分辨率得到有效的提升，同时还能够将体素得到提升。

在利用 3D 环境时，应于物体拍摄时对其 3D 特性加以明确，完成拍摄之后，还应该存储其成像序列，并合理使用采集技术，同时还要对成像序列导入，针对图像完成相应的切片处理。完成上述操作之后，还需将相关数据向视频接口传送，并以 DMD 处理，处理后应将图像实施高速处理，最后，采用散射屏完成图像投影。

图像信息运转的高速化主要是受电机驱动影响，所以，应该合理地运用转速传感器，并有效地探测转台角度，并将探测信号传递出去，从而实现控制。电机在运行时，一些设备将完成装置位置相关信息采集，并完成同步处理，之后会依托于控制器优势来使编码产生，并使 DVI 信号得以形成，从而依托于其优势来使散射屏与投影之间的同步化得以实现。对具备智能交互功能的真 3D 显示系统装置进行设计，通过信息对智能交互功能的真 3D 显示系统装置进行分析可知，该系统装置主要是由转台和散射屏组合而成，并且其中包含电机、控制器、投影等设备装置，这些设备装置共同形成 3D 显示系统。

三、图像畸变矫正算法研究

（一）计算机图像畸变的矫正

在计算机视觉算法的条件下，能够将计算机所具备的优势得以全面实现，从而对畸变图像予以有效处理。若设备在垂直投影的状态下，其容易受到视场变化方面的因素所影响，从而造成垂轴放大率慢慢变大，进而导致具备智能交互功能的真 3D 显示系统装置之中出现明显的素点偏移，在素点偏移的程度不断增大的情况下，会造成非常明显的图像畸变，在这种情况下应该由相关工作人员对计算机图像处理技术进行灵活运用，便能够将图像畸变进行消除，并对图像进行校正处理，使图像能够恢复至正常的状态，从而使当前的需求得到满足。

在对图像进行处理时，常用的计算机技术即畸变图像消除技术，包括两种：第一种是切向畸变；第二种是径向切变。其中切向畸变的处理效果方面并不够明显，并且在实际应用的过程中比较少见。事实上，对于当前图像疾病的处理而言，在具体处理时，径向畸变还包括桶形畸变和枕形畸变两种。其中，桶形畸变在设备图像之中出现的频率比较高，因在图像空间之中，直线通常会存在对称表现，并且对称中心通常为直线，而别的部分并不是直线，故要求工作人员在对图像畸变进行处理时，需要将对称中心进行明确，并对计算机视觉算法有效运用，使图像畸变矫正目的得以达成。

从图像畸变方面而言，畸变情况出现的原因通常是空间扭曲，即曲线畸变。在以往方法对曲线畸变进行处理时，通常是通过矩阵（二次多项式）将畸变系数予以处理的，此法模糊性比较突出，应以实际情况作为依据来调整矩阵，从而使编程分析的整体质量实现提升。

（二）处理畸变图像采用的方法

在处理畸变图像时，可通过卷积神经网络技术予以处理，通过此技术的优势实现创新利用，从而使畸变图像处理目的得到实现。具体而言，卷积神经网络技术的稀疏连接性和权值共享性较为良好，并且整体方式相对来讲比较简单，在难度方面也比较低，可在畸变图像处理过程中予以灵活运用。在实际应用的过程中，其基础在于多维图像的输入，从而能够促使图像穿入到网络之内，使传统算法识别的方式得以改变，使技术优势得到全面的发挥，并使数据提取得以有效实现，同时还能够将计算机视觉算法当作运用条件，从而减少训练参数，并促进控制容量进一步提升。

在这一过程之中，卷积神经网络技术作用较大，同传统网络相比，其形成卷积层以及池化层进而有效避免特征取样，并使训练时获取数据信息，实现整体性提升，并与原神经网络分离器实现分离，从而促进权值特征得到有效减少，并使多层感知器得以融入，使结构重组得以实现，可直接对灰度图片予以处理，并有效实现图像分类。在对卷积层进行计算时，应针对卷积核和特征图予以卷积处理，从而实现其函数特征，保证操作的整体过程中具备合理性，使最终特征图得以有效获取。

现阶段，在网络信息高度发达的时代背景下，计算机技术以及网络信息技术的应用在不断地进行创新和发展，使整体技术水平得到全面提升，并使传统模拟图像得到优化。对计算机图像畸变进行矫正的方法加以研究，以计算机视觉算法为条件，将其优势有效地运用，通过卷积神经网络对图像畸变实施处理，可实现畸变图像的高质量矫正，最终获取更为优质真实的图像。

第五章 新媒体时代视觉传达研究

第一节 新媒体时代的视觉传达艺术设计

新媒体时代下的艺术表现形式更加丰富多彩。人们在频繁接触新媒体艺术的过程中，不仅对这一特有的艺术形式产生了浓厚的兴趣，同时自身的审美价值与审美观念也在不知不觉中发生了改变。虽然现阶段的新媒体艺术为视觉传达设计的发展提供了充分的技术支持，但与此同时新媒体艺术的发展也对视觉传达设计产生了巨大的影响。所以，加大新媒体时代视觉传达艺术设计研究投入的力度，对视觉传达艺术设计的发展具有极为重要的意义。

一、新媒体时代艺术设计的简要分析

所谓的新媒体艺术设计指的就是在新媒体时代下，充分地发挥新媒体技术特点的一种艺术设计形式。经过深入的调查研究发现，由于新媒体艺术设计与新媒体之间存在着密不可分的联系，再加上新媒体艺术设计作品的传播主要是以新颖的媒体形式为载体。所以，新媒体在迅速发展的同时与各个行业之间存在的联系也日益密切。

二、新媒体时代视觉传达设计策略分析

（一）符合新媒体时代的要求

视觉传达设计从业人员在面对新媒体艺术设计的冲击时，必须紧跟时代发展的步伐，充分利用先进的技术进行视觉传达设计的创新，才能达到进一步拓展视觉传达设计空间的目的。具体地说，就是视觉传达设计人员在利用互联网了解并掌握社会大众审美喜好的基础上，充分发挥大数据技术的优势进行不同类型视觉传达设计的分析和研究，并以此为基础确定视觉传统设计的方向。由于视觉传达设计的理念与新时期设计的发展两者之间存在着密不可分的联系，所以，新媒体艺术设计对视觉传达设计所产生的影响也随之逐步提升。与时代发展保持同步虽然是新媒体艺术设计得以迅速发展的关键，但是如果视觉传达设计在发展的过程中与新媒体时代的特征及发展趋势始终保持一致的话，那么对于视觉传达设

计的长期稳定发展而言具有极为重要的意义。

（二）视觉与内容要相互和谐

视觉传达设计视觉冲击力的增强已经成为视觉传达设计人员普遍关注的问题。然而，由于受到新媒体艺术设计理念的冲击和影响，视觉传达设计人员在设计的过程中，不仅要将视觉冲击力最大限度地体现出来，同时还应对如何增强视觉冲击力与设计内容之间的联系予以充分的重视。虽然单纯地增强视觉传达设计的视觉冲击力可以确保设计作品在短时间内引起大量的关注，但是，对视觉传达设计的长期可持续发展必然会产生极为不利的影响。这就要求设计人员在设计的过程中，应该尽可能地避免各种设计噱头过度出现在作品中。严格地按照视觉传达设计的原则和基本理念进行作品的设计，才能在促进视觉传达设计作品内容视觉冲击力不断提升的基础上，为视觉传达设计的发展营造良好的氛围。

（三）视觉传达设计需要多种多样

视觉传达设计在发展的过程中，必须在多样化理念的引导下，才能最大限度地降低新媒体艺术设计对其产生的冲击，从而达到促进作品新颖度稳步提升的目的。就目前而言，视觉传达设计作品中存在的同质化现象严重的问题，已经成为严重影响视觉传达设计稳定发展的关键因素。所以，视觉传达设计人员必须严格地按照设计作品的特点和类型积极地进行多样化设计理念的创新，才能将视觉传达设计作品的内涵展现在人们的面前。另外，虽然视觉传达设计要求设计人员必须紧跟时代发展的步伐，并积极地进行设计理念的创新，但是，就目前而言，大多数的设计人员进行的创新仍然是以浅层次的创新为主，而这也是制约视觉传达设计创新发展的重要原因之一。

（四）视觉传达设计需要更加注重人性化

不管哪种形式的设计都必须将人性化色彩的彰显作为其设计的基本的原则，在以人为本和谐社会建设的过程中，视觉传达设计应该将人性化设计理念作为其发展的核心。设计人员在设计的过程中通过增添人性化交互设计元素的方式，引导广大受众与视觉传达设计作品以及设计人员进行交流与沟通，以便于受众及时地对视觉传达设计作品提出积极合理的建议。由于视觉传达设计是一个信息双向交流的过程，所以，设计人员在设计的过程中，必须充分地发挥不同类型的人性化交互设计元素的优势，才能将其作为受众与设计人员的沟通载体的作用充分发挥出来。另外，进入新媒体时代后，信息传播速度的加快为新媒体艺术设计的发展创造了良好的条件。作为视觉传达设计工作者而言，为了更好地应对新媒体艺术设计产生的冲击，必须在运用人性化交互设计元素的过程中，积极地搜集广大受众对视觉传达设计的偏好、意见等相关信息，才能确保视觉传达设计作品更加贴合人们的生活，为视觉传达设计的发展奠定坚实的基础。

总之，新媒体艺术设计在设计理念与方法上具有的创新性较强的特点，为艺术设计的发展以及高校艺术设计人才的培养指明了方向。作为视觉传达设计而言必须紧跟时代发展的步伐，迎合大众审美倾向的变化，严格地遵循新媒体时代发展的特征，在视觉传达设计中合理地选择和应用信息传播载体，才能在有效降低新媒体艺术设计对视觉传达设计冲击的基础上，确保视觉传达设计的稳定发展。

第二节 新媒体时代下视觉传达设计发展思路

新媒体是相对于传统媒体而言的，是媒体过去发展阶段与当前发展阶段的对比，网络、手机、数字电视等都是现阶段新颖的传播方式。在当前新媒体不断发展的背景下，视觉传达设计的应用空间进一步拓展，在充分保障设计的艺术性和专业性的前提下，围绕当前的主流媒体进行基础性设计。与此同时，新媒体的不断发展使人们对于视觉传达的要求越来越高，这带动了相关研究的进一步发展。当前各大高校都很重视新媒体，增设了不少与新媒体形态有关的设计课程，为社会培养了一批既懂得新媒体技术又熟练掌握艺术设计的新型人才。但总体来看，视觉传达设计在新媒体时代下的发展还处于起步阶段，但已经具备了核心特征，对于媒体的传统设计形式和未来的发展都有一定的影响，也为今后的视觉传达设计发展打下了良好的基础。

一、新媒体时代下视觉传达设计存在的问题

（一）专业内容僵化单一

新媒体注重的元素种类有些单一，影响视觉传达的感染力。从课程到课时的设计，都应当注重新媒体的发展趋势，并结合专业所学内容的涵盖面。然而，现阶段专业内容的设计还处于起步阶段，表现形式过于僵化单一。在评估视觉传达的设计模式和影响力时，主要是从这些新媒体的表达形式和新颖度来综合考虑的。当下的视觉传达的设计方向主要以平面设计为主，学生在操作过程中还是基于纸质媒介的设计，这些都限制了新媒体时代下的视觉传达设计的发展，导致专业内容依然比较僵化，没有太大的变化。

（二）理论没有结合实践

对新媒体时代下视觉传达设计的发展思路进行探讨后发现，过多地注重理论教学，没有充分地重视实践操作，这样的结合效果不够，往往影响到未来的发展趋势。新媒体时代下的视觉传达设计和发展，更应该注重理论和实践的结合。而目前的视觉传达设计却受到理论课程的影响，没有办法进行实际操作。专业实践课程的开设也存在比较大的漏洞，教师本身没有过多的时间和精力，也就无法带领学生参与相关的设计调查。在实际的设计发展中还要考虑动态效果在版面空间上的效果表现。

（三）时代背景不强

新媒体时代下视觉传达设计的发展需要结合时代背景，然而，在实际的发展过程中，往往不能明确获知当前的时代背景和发展特色。新媒体技术是如今比较主要的发展媒介，但是，在针对相关媒介进行的课程开展和研究却依然围绕传统纸质媒体操作的方式。这样的课程学习和实践操作都与之相悖，最后对新媒体时代视觉传达设计的指导效果也不够。因此，时代背景不强成为限制视觉传达设计发展的主要因素，也会导致未来在展望新颖有特色的设计时，不够重视新媒体的主要特色。在新媒体时代下，视觉传达的设计发展没有关注主次关系及视觉层次的处理，这对于新颖的设计方案至关重要。由此看来，视觉传达设计不符合现有的流程需要，主要是时代背景不强引起的。

（四）视觉传达设计没有适应版面动态的特点

新媒体时代下的视觉传达从"静"到"动"，具有崭新的宣传效果，然而，在视觉传达设计发展中，没有注意这一特点，因而，达不到版面动态的效果。在传统媒介下，视觉传达设计更注重在有限空间内容纳更多内容，但是这样的设计方向已经不符合当前的宣传引导规律了。在新媒体时代下，版式应当是呈现生动直观的展示效果，可以更多地考虑层次设计。这样的版面动态是在同一个页面下进行设计的，具有新时代特色。然而，在视觉传达设计专业教学中考虑的依然是在纸质媒介上的绘画和设计，这样的教学效果根本满足不了社会发展的需要。在视觉传达设计中，一定要注意什么是静态的、什么是动态的，要如何适应才能有更好的展现。如今，视觉传达设计没有适应版面动态的特点，对于新媒体时代下的视觉传达设计有非常大的影响。

二、新媒体时代下视觉传达设计发展思路

（一）结合新媒体中 UI 等设计需求

在新媒体时代下，视觉传达设计尚处于起步阶段，面对其网页设计等普遍存在的问题及设计漏洞，可以从改善设计需求出发，逐步满足视觉传达设计的专业性要求。例如，结合新媒体中 UI 等设计方式，这样专业的设计效果更具有辅助性，而且能够带动视觉引导的层次效果。目前，很多高校在培养设计人才时，都会以 UI 设计模式为主体，逐步融入传统的教学实践中。这样的培养模式也具有全新的实践效果和操作特色，确保理论课程和实践设计相结合，给予更完善的视觉传达知识结构，保证设计清晰直观，满足新媒体环境。

（二）二维空间向三维、四维方向发展

结合调查数据分析，在新媒体时代背景下，视觉传达设计已经开始从二维空间向三维、四维发展了。对不同专业层次的学生来说，在设计过程中要注意尽可能地扩大范围，让视觉传达的层次感更复杂，这样才能保证未来走向更高端。现有的视觉传媒设计还没有与社

会实践相结合，如果想要扩大视觉传媒的影响力和涵盖范围，就要对现有视觉传达设计提出专业化的教学，以确保教学模式足够新颖可靠。这样的设计模式能更好地满足当前的发展需求。现在对视觉传达设计的发展进行重新定位，探讨的就是空间层次，选择三维、四维的方向发展才符合新媒体设计的主流趋势。

（三）设计多元化、综合化

在新媒体时代下，要注意把握当前视觉传达设计的主要内容，在满足任务要求的同时还要尽可能地展现自己的专业水平。在设计多元化、综合化的发展中，一定要加强实践活动，以确保其发展趋势具有可行性。多元化、综合化的设计模板可以从当今媒体的主流趋势中获得。在同专业、同层次的人才交流中，都可以不断地充实自己的素材库，获取更多更好的设计形式，这样在今后的设计发展中就可以逐渐融合，保证自己的体系可以不断地更新，维持在较高的专业水平层次。设计的多元化、综合化已经成为主流发展趋势。只有结合当今新媒体新技术的发展特点，才能让视觉传达的设计发展思路更丰富、更清晰，具有更突出的传达效果。

（四）超越视觉，走向多感官传递

视觉传达设计专业教师在教学过程中都会注重培养学生的创新思维，而创新也是设计过程中最为关键的。新媒体超越了传统的视觉设计影响力，更多走向了多感官的传达形式。要求设计内容不仅仅具备传统的视觉影像，还要加强听觉、触觉、嗅觉等的多重结合，选择更具有创新特色的传达方式。这样的视觉传达设计才会满足日益变化的市场需求，保证现有的视觉传达设计发展得更好。目前，新媒体设计相关内容缺少的就是多感官传递方式。针对现在已经探讨分析过的视觉传达设计中存在的问题，可以结合视觉设计模式，培养新颖的设计思路，扩充视觉传达的发展渠道，让多重感官传递效果变得越来越突出。

（五）不断融入新的科学技术

视觉传达设计专业的教学应不断地融入新技术，这样能为学生就业和深入研究打下良好的基础。现阶段，视觉传达的动态设计效果一般都是以主动和醒目为主，以确保能够与实践相结合，满足现阶段对视觉传达基础要素的要求。从新媒体时代对于视觉传达设计的地位、层次及效果的要求来看，融入新的科学技术，例如，通过调色等方式来达到深浅渐变的效果，这样的层次感能够引导视觉流程，并且充分保障设计的影响力。另外，视觉传达设计的思路要尽可能简洁。

通过以上分析可以看出，目前新媒体时代下视觉传达设计的发展还处于起步阶段，在实践操作中也存在一些不足之处。可以通过结合新的设计发展思路，满足不同的设计需求，不断地提高现阶段视觉传达设计的技术水平。在视觉传达设计专业教学中，一定要结合现有的教学实践方式，提高学生的学习效率和培养效果。

第三节 视觉传达设计在新媒体时代下的多维创新

目前随着我国的科技水平突飞猛进的发展，信息网络技术为人们的日常生活带来了极大的便利，与此同时，我们也迎来艺术和科技相结合的新纪元。随着科技水平的不断发展，视觉传达设计的工具和载体也在发生着变化。虽然方式上发生了变化，但是从本质上来说，视觉传达设计是没有变化的，它还是应用视觉感观来传达信息。和传统的静态平面视觉传达相比较，数字化的信息技术下的视觉传达整合了整体的设计元素，为消费群体带来更完美的视觉体验，同时帮助消费者更清晰地了解商品以及商品品牌背后的特点和含义。为此，在新媒体时代中探究视觉传达领域的革新与变更，是视觉传达设计语言的一种创新途径，同时还更加地有助于视觉传达设计表现语言的丰富与创新。

一、视觉传达设计的发展现状及未来趋势

视觉传达设计是人们为了达到某些效果，设计出一些有规划、讲究艺术效果的艺术图像与人们进行需要的交流活动，也就是利用设计出的图像向人们传递想要传递的信息。随着当前社会科技水平不断发展，新型科技手段能够对设计发展领域起到重要的推进作用。技术水平的革新不但为设计工作者提供了新的灵感和思维模式，同时还为设计领域提供了切实可行的表达方法。目前的平面图形设计早已不再是像以往那样单一的图形，它正在向多种维度跨界发展，拥有很好的未来发展前景。视觉传达设计已经打破了以往二维空间的局限性，正在走向三维甚至是四维空间。传达的方式也不像以往那样依靠单一、静态的载体。

二、视觉传达设计的载体变化

逐渐由纸质转向数字化。视觉传达设计在日常生活中应用最广的就是广告的张贴，从而对商品进行宣传和信息传递交流。伴随科技的不断进步，视觉传达设计早就已经不再局限在纸质打印的层面，正在慢慢地朝着动态化的三维空间方向成长。由于传播方式的变化，关于视觉传达的设计方法、设计内容以及表达方式等都相应发生了改变。根据以往的平面设计方式，把平面设计转变为多维度、多元化的形态视觉语言。现如今，视觉传达设计领域敢于突破以往的局限，与不同的信息载体进行融合与交流，达到多个领域的跨行交流联系，从而探究其中的联系以及影响性。

视觉传达设计有它自己的专业特点，而信息技术的发展会对视觉传达设计产生很大的影响，随之创建出来的视觉样式也会更加具有独特的审美特点，传播媒介的改变经常会影响语言方式以及视觉表达，但是我们需要知道我们不可以盲目地去利用新型技术的变化，

而是要用最为合理的方式展现出新型技术的独特性。

挑选设计媒介时，我们要知道新媒体信息技术只是一个供我们使用的工具，学会合理地使用技术，能够促进视觉传达技术在当前形势之下不断改进革新，相关设计人员可以利用新技术去不断地开发更多的表达形式，但是绝对不能被其操控。视觉传达应根据消费者需求再结合新媒体本身优势，从而更好地传递信息。就是说，当前设计的所有表现方式以及传播方式必须要符合消费群众的心理，以消费群众为主体来打造设计形式，如果不这样做，视觉设计将毫无意义。

三、在新媒体时代下视觉传达设计如何创新

在当前的社会背景之下，信息技术的高速发展带动着视觉传达领域不断地扩大。信息化拥有不间断性以及交际性的特点，从而让视觉传达设计可以挣脱以往的设计形式，从而开发出更加符合当前社会的传播形式。当前信息技术愈加成熟，因此，视觉传达设计从全新的技术方式进行开发和改革，在当前的社会形势中进行有目的、有意义的应用。由于信息技术的加持，视觉传达领域与数字技术以及人机互动等新型的科技产物相互结合，并通过融合设计元素、创建虚拟现实的场景让群众根据情境产生共鸣。

以往的视觉传达设计所使用的传播载体大都是纸质印刷平面。但是随着新媒体技术时代的到来，以往的纸质传播载体大都被液晶屏幕取代，并根据现在先进的电子信息技术，让以前死板的静态图动起来。当前的社会正处在一个信息量广且群众的审美要求较高的形势，以往那些静态的传播方式早就无法满足群众的需求。信息技术的发展以及新媒体时代的到来，完美地解决了这些问题，为群众带来了更好的视觉体验。

曾经的视觉传达设计只是在我们的身边进行传播，由于信息技术的逐渐成熟，视觉传达设计才开始和数字手段相互融合，从而逐步应用在电脑、手机等各种设备上面，在以信息技术作为传播媒体时，视觉传达设计也在不断地寻找新型的传播方式，以此来引起人们的注意。技术是利用计算机及眼镜构建出来三维空间，让体验者进入一个虚拟的空间，让体验者能够真切地观察空间内的事物，从而给体验者带来更好的视觉传播。

四、新媒体时代的到来犹如一把双刃剑

新媒体时代的到来虽然可以为视觉传达带来很大的便利，但是总会有一些违法乱纪分子利用网络中的空隙，向社会传播虚假新闻信息误导民众，就如 2015 年发生的抢盐事件，就是因为有人在网上散播虚假信息从而导致社会动乱，影响整个社会朝着和谐文明的方向发展。

个人的隐私权是每一个人都拥有的基本权利，但是随着传播形式的改变，群众的个人隐私也极有可能在没有察觉的情况下对外泄露。一些媒体在网络上发布产品信息时，民众

在登录时输入自己的身份信息，比如身份证号码、个人爱好、家庭住址等等。在网络传播的过程中民众的个人信息非常容易被不法分子私自窃取利用，在无形中威胁着群众的个人安危。所以，在新媒体时代下视觉传达还需要制定相应监管政策。

五、在新媒体时代下相关部门需要出台政策保障民众利益

（一）政府制定相应的制度增强对新媒体产物的监管筛查

面对新型的市场模式，政府部门要对传播的路径进行掌控限制，严格筛查所有的发布平台所公布的内容是否违反法律，通过审核后才可以发布；还要根据违法乱纪事件拟定出相关的法律条款，如果遇见严重违法乱纪的现象需要进行严格的处理，以保证社会的稳定性。不管是信息平台的使用者还是传播信息人员，都需要坚持自己的道德修养，把社会的责任放在自己的肩上，提升自身的道德素养文明，正确运用新媒体技术进行视觉设计传播，营造出良好的传播环境。

（二）搭建完整的服务平台，加强隐私保护

由于目前的领域属于新型领域，还没有相关的法规法纪。内容与隐私之间存在着较大的矛盾，相关的平台应该搭建严密的平台保护系统，防止不法分子的入侵，最大化地维护群众的个人隐私，并要及时提醒群众保护好个人隐私，不要轻信他人。

在新媒体时代背景下，数字信息技术与载体为视觉传播设计带来了新的灵感和方式，同时也为视觉语言带来了新型的表现形式。随着时代的不断进步以及技术的不断创新，对于新型技术我们不可以，也不能够去抗拒，应该学会去合理地应用信息时代下所带来的便利，从而对以往的工作进行改良与创新。但是，要注意在设计时也不能过于依赖新型技术。

第四节　网络媒体的视觉艺术传达设计

21世纪是信息化、数字化时代，并且对现代社会经济以及社会生活方面有重要的影响，新媒体的出现是导致这一趋势增强的主要推动力。在这些新媒体中，网络是发展最为迅速、对社会影响最大的新媒体，突破了地域、时间、空间的限制，使信息的传达效率、速度以及传播范围都得到了较大发展。因此，本节主要针对网络媒体的视觉传达设计展开分析与研究。

一、网络媒体的定义

20世纪末，联合国新闻委员会将互联网正式称为"第四媒体"，但是目前学界对于

网络媒体的定义各有说法，例如，学者匡文波在《网络媒体概论》中明确指出：网络媒体就是通过计算机网络传递信息的文化载体，其主要指计算机互联网；而学者钱伟刚对于其有不同的看法，其认为网络媒体从广义上分析是互联网，而从狭义分析是指互联网传播平台中进行新闻信息传递的网站。学者雷跃捷等人明确表示：网络媒体是在互联网基础上，通过电脑、电视以及智能手机为终端，将新闻信息以文字、声音以及图像等形式进行数字化、媒体化传播的媒介。

我国网络媒体的迅猛发展，主要得益于计算机网络技术的发展以及其在日常工作应用中的拓展；此外，互联网自身的功能促进了网络媒体的形成。互联网主要有三方面功能：第一是通信功能；第二是信息传播功能（信息收集与发布）；第三是商务功能，也就是现代电子商务。互联网提供了一个贸易平台，实现了构建无地域和时间限制的商务平台。此外，网络还具有远程教育、医疗咨询、网络民意调查以及市场查询等功能。

二、网络媒体视觉传达的特征

网络媒体具有信息量大、操作简单、智能化、自动化、搜索快捷、图文并茂、交互性、开放性等方面特点，能够节省存储、印刷所需的经费，提高积极效益，并且更新速度快，信息能够通过互联网进行快速传播，信息资源丰富并且获取方便，成为现代最具生命力以及活性的大众文化传播媒体。网络媒体能够实现读者与作者之间的网络互动、意见反馈，转变传统的交流模式。

（1）传播以及更新速度快：网络媒体能够通过互联网进行传播以及实时更新。网络媒体的传播速度快、时效性高，其不受时间、空间以及形式等方面的限制，信息一旦上传到网络中，在瞬间即可实现所有网络用户的阅读与浏览。电视节目、广播是以周或天为期限进行更新，而网络媒体的更新时间是以分、秒为期限。在网络中，上一分钟还是头条的新闻，可能在下一分钟便被其他新闻给挤下去，这种现象在网络媒体中不是罕见的现象。

（2）信息量大、内容丰富：网络媒体所上传的信息，都是通过数字化技术处理的，一个文字转变为两个"字节（byte）"。报纸若想刊载10000字节的文章，大致需要一个版面进行阐述，这为报纸的印刷、排版、发行以及成本等方面带来了诸多问题；而广播、电视的内容更是需要精确控制到秒。而网络媒体储存数字信息则非常方便且价格低廉，一个30G硬盘就能够存储153亿汉字的信息量。

（3）范围广：在全球范围内，有200多个国家和地区都在使用互联网，网络媒体能够实现真正的全球性、开放性。在互联网中，能够对其他国家发生的事情进行实时了解，而传统媒体则不能实现这一目标。

（4）搜索、复制便捷：传统媒体，例如电视、广播、报纸等媒体的搜索都需要依靠相关的资料室或图书馆去进行人工查询。而网络媒体则仅需通过搜索引擎，对网络数据库中的资料进行查找、复制。

（5）交互性：这是网络媒体最具特色的特征。传统媒介无论形式如何多样、内容多么丰富，但其与读者之间是一种单向关系。网络媒体具有自下而上的交互性，用户能够通过互联网与网络媒体相关媒介进行沟通与交流，并且交流过程能够成为网络媒体新闻实时发布的一部分，例如时下流行的网络直播。网络媒体使信息传播与阅读者之间的关系发生了巨大的变化，传播学理论中将任何传播行为定义为双向的，只有及时地获取读者反馈意见才能够实现有效传播。传统媒体由于受到时间、技术以及渠道等方面的影响，其基本上属于单向传播，而阅读者处于被动地位，只能被动接收传递信息。网络媒体的传播主要是通过网络的互动性，将其形成一个循环，能够及时反馈群众的意见，从而提高信息传播的效率。现阶段的网络媒体中，许多门户网站都建立了能够反馈用户意见的频道，并且通过问卷调查的方式，调查用户对网站的使用意见。

三、网络媒体视觉传达设计

视觉与认知是每一个人每天在接触到新的对象与现象时得到的。视觉是一种对构造的描述，其从真实存在的图像中获取外部环境的结构、地点。认知则是信息处理的结果，是对知觉、感觉、触觉、听觉、记忆、思维、表象、概念等有机结合的信息处理过程。网页设计的最终效果是以视觉画面的形式呈现于用户的显示屏中。因此，一方面，用户能够通过视觉画面获取想要了解的信息；另一方面，网页设计者想要根据用户的理解能力，通过设计简单易懂的图像或画面，帮助用户获取信息。相关文献指出，人类视觉仅有10%属于物理层面，而余下90%属于精神层面，在获取视觉认知的过程中，感觉刺激以光的形式从眼球传递到中枢神经系统而形成有意义的图像。在此过程中，用户需要以个人经验、知识以及周围环境等方面信息对图像进行诠释。换句话说，人们一睁眼便能看见图像，而学习过程中想要看到的图像需要通过学习进行选择，人们无法将所有精力放在能够看见的任何事物中，而是通过学习的方式选择想要看见的东西，从看到到看见是一个具有推理性质以及决策意义的过程。

改革开放后，各种文化的引进推动了我国艺术的发展，网络媒体视觉传达设计突破了传统观念的限制，开始尝试以绘画、图像配合汉字书法、美术字体等形式进行视觉传达设计。一些大型门户网站坚持自主视觉传达设计，其结合西方国家的先进理念，但本质上是以我国文化特色为核心，为推动网络媒体的发展创作了许多优秀的作品，形成了现代网络媒体独具特色的视觉传达设计风格。

在互联网出现的早期阶段，大部分学者、艺术家以及出版家对于网络媒体不感兴趣，认为其小众且无用。随着近些年互联网的发展以及计算机的普及，越来越多的人认识到了其的重要性以及流行的必然性，许多学者间接地参与到了网络媒体的视觉传达设计当中，艺术家作品的引用，赋予了网络媒体视觉传达设计丰富的艺术内涵，呈现出多样性和艺术性。现代社会重视艺术发展，提倡将艺术与生活相结合。因此，网络媒体视觉传达设计将艺术带入作品设计中，要求网络媒体视觉传达设计既具有美感，又重视信息传达。

漫画是一种新兴艺术形式，其具有强烈的幽默性、讽刺性以及歌颂性，能够起到教育、审美以及认知等社会传播作用，尤其是对信息传播、商业广告以及网络媒体视觉传达设计的应用最为经典。例如，百度网站 logo 设计中应用了极富意蕴的漫画形象，并且线条和布局非常完美，具有较高的艺术价值。

第五节　数字媒体技术支持的视觉传达设计教学创新

随着云计算、大数据、虚拟现实等高新技术的快速发展，数字化信息技术的普及已经成为不可小觑的社会现象。在视觉传达设计教学中应用数字媒体技术，改变了传统教学的二维空间概念，使教学方式及手段逐步走向多元化。本节主要从数字媒体技术的含义及特点入手，提出了数字媒体技术对视觉传达设计教学的新要求，以求促进视觉传达设计教学内容的不断自我更新及教学质量的提升。

一、数字媒体与数字媒体技术

（一）数字媒体

数字媒体作为一个新兴的学科，有着广泛的应用领域。它将信息科学、计算机科学作为主导，以大众传播理论、现代艺术为指导，将信息传播技术广泛应用到文化、艺术、商业、教育和军事等领域，是一门艺术与科学高度融合的综合交叉学科。它集成了计算机软硬件、通信、广播等技术，同时与数字媒体内容管理、数字媒体版权、文化创意产业、消费电子等领域也有着紧密的联系。数字媒体的表现形式非常多样，比如：文字、图形、图像、音频、视频影像和动画等，它的传播手段和传播内容主要以数字化技术为基础。在高校的教育教学中如果融合数字媒体技术，必将对高校的教学产生重要影响，并起到积极的推进作用。

（二）数字媒体技术

数字媒体技术主要是以计算机技术与网络通信技术为手段，对文字、声音、图形、图像等数字媒体信息进行综合处理，以达到对数字媒体信息的表达、传输、处理、存储、显示等目的，变抽象信息为可感知、可交互和可管理的一种软硬件综合技术。数字媒体技术的研究内容非常宽泛，如与处理、传播、存储、输出等环节相关理论都有所交叉。因此可以说，数字媒体技术是集成计算机技术、信息处理技术和网络通信技术等相关信息技术的综合应用技术。

二、数字媒体时代下的视觉传达设计表现形式

（一）静态数字图形符号

在传统视觉传达设计中，主要的表现形式为二维，即在二维介质上通过相关设计规律呈现出静态的图像、文字、色彩等元素，以此来传达准确的信息数据，艺术表现形式具有一定的针对性。信息技术的飞快发展给人们带来了具有划时代意义的视觉体验，传统视觉传达设计所表现的结果都是在静态的纸媒介上，受众极容易产生视觉审美疲劳，另外，传统视觉传达设计的表现形式已无法准确、完整、全面地表达设计师的意愿，人们开始对传统静态视觉信息传播形式表现出疲劳状态，因此，人们非常渴望一种全新的图文符号表现形式诞生。

数字信息符号具有视觉传达设计的技术特征，同时也能诠释数字媒体技术方面的特点，将数字媒体技术应用到视觉传达设计中，通过在设计过程中对其思考和理解，就会发现视觉信息传播数字化的优势十分明显，目前已经发展成一种新的并且十分重要的视觉传播手段，因此，在视觉传达设计过程中，数字信息的有效传播已经变得十分重要。数字信息符号已经迅速成为交流的语言和信息传播媒介，充分吸引人们的注意。数字信息符号已经成为现代信息传达的重要组成部分，是设计信息可视化的主要形式。数字信息符号的准确、醒目、简洁等特征，让受众在与信息进行交互时变得更加轻松、容易，同时能够让受众更加准确、及时地获取信息的主要内容。不仅如此，数字信息符号的交互性和娱乐性还能够大大地提高受众的积极性和主动性。

（二）动态数字图形符号

近几年，虚拟现实技术得到飞速发展，已经对传统的图形符号设计产生了强烈的冲击，传统的视觉设计往往是单向的信息传递，设计作品大都以静态进行展示。虚拟现实技术参与到视觉传达设计中，则是多维多向传达信息，数字图形符号具有动态可视化，听觉化、感知化等特点，同时作品大都以动态形式进行展示，并且具有一定的交互性、沉浸性、实时性。计算机可以将传统图形符号设计所传达的信息通过数字媒体技术转化为可感知的信息，传统复杂烦琐的图形符号设计已经无法阻碍信息的有效传播。

动态图形符号表现形式是由艺术、技术和传播多个学科交叉影响发展而来的，其千姿百态、风格迥异的表现形式能够带来具有商业价值的信息交流，同时在传播过程中可以附加情感和观念。辅助设计工具和媒介的更新速度给传统的图形符号设计带来了巨大的压力和动力，传统图形符号从静态的展示方式逐渐转变为动态的展示方式，传播和表现方式也由单向过渡到多向多维交互方式。这些改变，可以让大众有目的性地、有选择性地去接收信息。

三、数字媒体时代视觉传达设计教学新要求

在数字时代视觉传达设计教学中，主要有以下两个新要求：一是要让学生能够正确地理解，并且能够熟练地掌握相关的数字媒体技术。在这个基础上结合传统的设计方法和手段，让两者能够有效地融合。二是通过这种科学和艺术融合的手段，提高学生实际动手操作能力，让他们在新的技术发展下，在新的教育模式和新的媒介下，能够快速适应，并且能够很好地完成相关视觉传达设计的任务，进而提高视觉传达设计质量。三是在数字化视觉传达设计教学中，要重视各种因素的交互结合。从教材的基础要求出发，进一步丰富教学内容，提高学生的学习能力，从而有效地提高教学质量和水平。

四、现代数字媒体技术下的视觉传达设计教学创新

（一）改变教学观念

注重学生创新能力培养的教学理念"教育不是教授具体的事实、理论和法则，不是将学生培养成专门的技术人员"。教育能促使学生开阔眼界，启迪他们的聪明才智。数字化时代，在视觉传达设计教学理念上要注重对学生创新思维、创新意识、创新技能等多方面的教育与培养，根据时代的发展和数字媒介特征对传统的视觉传达设计教学理念和手段做出相应的调整和改革。设计教育如果只注重专业的学习非常容易陷入孤立的教学模式，使学科领域变得专门化。因此，必须要打破"专业至上"的狭隘教育观念。创新的设计教育理念应该在整个教学的进程中充分体现出人文科学与自然科学的学术氛围渗透，更多地体现出数字时代设计教育其交叉性与边缘性特点，在教学的过程中让学生逐渐形成对艺术的理性与感性的体验和认识。

（二）丰富教学手段

信息的高速传播和广泛共享，使课堂教学模式进入数字化时代，学生可以通过网络获取与设计相关的理论学习资料。国内大多高校网站都提供了相关学科精品课程的教案和名师视频教学及课件。在这种大数据背景下，教师应该把如何正确地引导学生获取相关知识和消化知识作为首要教学目的，并通过现代多媒体技术手段，让枯燥的理论课堂教学转变为以探索、创新为主的实验教学。通过先进的辅助设计软件和有效的教学方法提高视觉传达设计教学的效果。与此同时，要让学生通过数字手段时刻关注学科发展的前沿动态，以便能及时地了解设计及市场的发展现状和需求，能够利用数字化手段根据最真实的现实需要来不断地改变和提升自己的知识结构和设计水平。丰富的教学手段有利于培养学生的创新能力、实践能力，全面提升学生的综合设计能力及创新意识。

（三）调整教学内容

在教学过程中，教学内容无法及时更新，年年重复而缺乏探索性、实验性。这种教学方法往往忽略了对学生的综合能力的提高和创新意识的培养。视觉传达设计教学方法与内容应该紧跟数字时代的步伐，反映时代特色。在课程内容设置上要坚持以人为本的精神，将传统视觉传达设计教学内容延伸展开，从数字时代实际特点出发，针对性地构建学生的知识、能力和素质结构。随着数字时代三维视觉表现的普及、数字化时代市场对人才的多元化需求，在保证学生设计基础课程内容的同时，在侧重于传统的二维视觉教学的过程中适当加入三维视觉课程内容，如 3DS MAX、After Effects、Cinema 4D 等软件课程，使以二维平面为主体的设计内容体系逐渐转变为增加动态视觉元素及听觉元素的具有三维交互功能的综合设计体系，将三维数字技术教学内容与传统二维设计教学内容充分结合，创造出一种新的教学模式。让学生在掌握视觉传达设计基础课程内容的同时，也能对数字技术所带来的新的辅助设计工具、设计方法以及新的表现方式有一个透彻的认识。

五、数字媒体技术下的视觉传达设计教学思考

数字媒体技术的广泛应用和传播让没有经过专业训练的普通大众也能通过数字技术表达出自己在某一方面的设想。多元化的表达和交互形式提升了设计者的创新能力，一种想法可能会产生不同的设计理念，能够更加具体和生动地诠释视觉传达设计的内涵。在视觉传达设计教学中应该利用数字媒体技术的优势，让学生对视觉传达设计有一个三维的、立体的认识。但是，在教学过程中不能过度地依赖数字技术，不能让学生产生掌握了数字技术就能进行视觉传达设计的想法。这种错误的观点往往促使一些学生注重技术却忽视艺术内涵，对视觉传达设计的教学创新造成不良的影响。数字媒体环境下的视觉传达设计教学要不断地探索，充分地利用数字技术，不断地改进教学形式和手段，以此来提高教学的质量。

第六节　新媒体语境下网络新闻媒体的视觉传达

网络新闻媒体是信息时代传媒界的新生产物，其视觉传达具有实时性、互动性、丰富性、立体化、个性化、无限化的特点。研究新媒体语境下网络新闻媒体的视觉传达的目的在于发挥视觉传达特有的优势并找到弥补不足的对策。本节介绍了网络新闻媒体视觉传达的特点及新媒体语境下网络新闻媒体视觉传达的优势，并针对当前存在的问题提出解决办法。

新媒体是相对于传统媒体的一个概念，一切有别于传统广播、电视、报纸、期刊的新兴媒体都可以称为新媒体。视觉传达是"视觉"与"传达"两个概念的集合，视觉指人眼看到的景、事、物；传达指以某种形式表现的信息、讯号。视觉传达即人以视觉为主要形

式进行的信息或讯号的沟通与交流。较之语言传达信息，视觉传达常常能够跨越语言不通、文字不同的鸿沟实现人类资讯、文化、情感等的传递与体验。网络新闻媒体的视觉传达指以新闻播报为主的网络媒体用文字、图片、视频、动画、互动等视觉形式及元素为载体向受众传达新闻资讯的传播过程。

一、网络新闻媒体视觉传达的特点

（一）实时性

实时性是网络新闻媒体与传统媒体相比最独特的一点。传统媒体中无论报刊、电视或杂志几乎无法做到对新闻的实时传播，从记者采访取得第一手新闻素材到编辑形成新闻稿件再到播出，其间的时间间隔最快也需要以小时计。从某个角度上说，此时播出的新闻实质上是若干小时前的"旧闻"。网络新闻媒体传达的讯息则能将此间隔缩短为分钟计，只要网络新闻记者到达事发现场，无论采取何种视觉传达模式（文字、图片或音视频等），无论采用何种媒体载体（网站、客户端、官方微博、微信公众号等），都能在几分钟内将新闻内容传播至网络，真正体现出新闻资讯"新"的特点，使受众在第一时间了解事件的真相。

（二）互动性

新闻资讯不再局限于媒体向受众单向传播一种形式，受众利用网络新闻媒体能够充分实现对新闻的"按需索取"，还可以对新闻事件发表自己的见解。在视觉感受上不再是被动地接受新闻，而是可以参与到新闻中。

（三）丰富性

网络新闻媒体的视觉传达具有丰富性，具体而言，它不再像传统媒体一样受版面、传达形式及各种因素的束缚，任何与该新闻有关的视觉形式都可以通过网络新闻媒体进行传达。文字、图片、视频、虚拟场景、模拟动画、互动交流、DIY，等等，只要新闻报道需要，只要有该新闻素材，任何视觉传达形式都可以在网络新闻媒体上呈现。

（四）立体化

网络新闻媒体的报道已不再局限于传统媒体的平面报道和单一视频报道，因为可选择的视觉传达形式多样，所以，网络新闻的报道就更加立体化，通过各种视觉传达形式，将新闻事件平面化的文字和图片、视频加以润色。通过文字可以大概了解新闻的各要素，通过图片可以从不同角度感知新闻事件，通过视频可以切身体验当时的场景，通过互动可以了解当事者、旁观者和普通看客的观点，等等。这时，一个完整、真实、有血有肉、立体全面的新闻事件就完美地呈现在浏览者面前。

（五）个性化

网络新闻媒体的性质决定了这个平台可以给视觉传达更大的空间和自由度，从而使各媒体可以展现自己个性化的一面。同一个新闻事件是"千家一面"，但是如何通过视觉形式传达给受众就可以自由选择。个性化的视觉传达可以使各网络新闻媒体形成自己的固定视觉形象，从而使浏览者一看便知这是哪家媒体的新闻报道，如新华网、人民网的新闻专题报道等；个性化的视觉传达还可以使本网站的新闻报道呈现出丰富、活泼的视觉感受，让本网站的固定浏览者时时有新感受。对不同的新闻报道、专题做个性化的视觉设计，给新闻加分，同时也提升网络新闻媒体自身的形象。

（六）无限化

没有容量限制的网络使网络新闻媒体在新闻报道的视觉设计时可以不用太在意篇幅和形式。例如，博览会的专题报道，把可以互动的虚拟场馆搬到网页上；为"和谐号"动车投入使用制作的新闻专题报道，如何使用动车上的新设备，可以用 Flash 动画来展示；国际重大体育赛事，比赛实况可以在网站上进行回访等操作，等等。做这些视觉传达形式的设计都不需要担心浏览速度和服务器存储受到影响。

二、新媒体语境下网络新闻媒体视觉传达的优势

（一）融合

新媒体语境下网络新闻媒体视觉传达普遍囊括了信息时代大众所能接触到的所有媒介形式，一般会根据不同新闻资讯内容选取最具说服力和说明性的多种视觉表达方式互为补充与辅助。比如，时政类的网络新闻专题借用报纸的版面编排方式，阅读的舒适感和亲近度将大幅提升；大型会展的宣传专题添加人机互动的网上展馆功能，让浏览者在家就可以看展；网站界面设置不同的可选属性（色彩、是否省略图片、是否关闭 Flash 等），让浏览者自主地选择自己偏好的浏览方式；将"两微一端（微博、微信、客户端）"与网站页面融合，利用二维码等将几者有机结合，等等。全方位融合正在成为网络新闻媒体视觉传达的流行趋势和未来发展方向。新闻报道已经不再是图片、文字统领一切的旧面貌，视频、动画、人机互动、移动客户端、微博、微信成为吸引更多受众的"利器"，且各类视觉传达形式间已不再有"主从""轻重"的差别。全面、有机地融合所有报道形式，在提高网站的 IP 量（即 Internet Protocol，指独立 IP 数）的同时，探索实践增加 PV 量（即 Page View，即页面浏览量，或者点击量）的途径，在提高单篇新闻的传播力的同时，也要整体提升网络新闻媒体的影响力和认知度，这正在成为各大网络新闻媒体发展壮大的必要手法。

（二）最大程度的还原

在新媒体语境下网络新闻媒体的视觉传达能够最大限度地还原和展现新闻事件的每个

关键节点。具体而言，没有容量限制的网络使新闻报道不再有字数或篇幅的限制，只要确有必要，报道篇幅可以无限延展，文字、图片、视频、互动等的使用不受约束，可以将一件事的来龙去脉、细枝末节讲得清楚透彻。新闻事件不再仅仅是呆板、冰冷地陈述事实或展示结论，而是让浏览者置身其中，通过图片还原新闻场景，通过视频了解新闻始末，通过互动参与其中。这样的视觉传达形式，使受众不再被隔离在事件之外只当看客，而是能够参与其中了解原委。

（三）给受众以独立思考的空间

在新闻报道中，往往会掺杂编辑、记者自己的观点、见解，而误导浏览者的理解和判断，但是，在新媒体语境下网络新闻媒体的视觉传达一般不会被刻意剪辑、增删，而是不被选择、无所保留地全然呈现，记者和编辑只起新闻事件的传送作用，这确保了受众不会受到新闻内容传播者主观意识的影响。如果说传统媒体的新闻报道犹如一个被修剪、打理过后的盆景，那么网络新闻媒体视觉传达出的就是一棵野生的树木，或许枝丫繁杂甚至凌乱，但完整、真实。受众可以自由且全权地决定接受何种类型的新闻报道，自行对比来自不同媒体的资讯，以自己的视角个性化解读新闻内容指向或隐含的意义。当新闻资讯累积到足够数量时，受众便能以独立思考的方式最大限度地接近事实真相、最大限度地避免被人为误导或煽动。如果说文学领域存在着"比较文学"，新媒体语境下网络新闻媒体的视觉传达提供的则是"比较新闻"。有比较的新闻规避了受众遭受蒙蔽的风险，这既体现了新闻报道追求"真实"的本义，同时也表达了新闻媒体对受众应有的尊重。

三、新媒体语境下网络新闻媒体的视觉传达存在的问题及对策

（一）片面追求视觉效果，忽视新闻主题

一些网络新闻媒体过分地追求视觉效果，滥用动画、特效、炫图等，而往往忽略了网络新闻媒体的本体依然还是"新闻"。喧宾夺主，没有在视觉设计上实现对新闻的呈现和衬托，更有甚者不恰当地运用视觉元素和手法，最终偏离了新闻原本的意思或方向。

对策：应合理恰当地运用视觉元素和视觉效果，正确的视觉传达应该是为新闻的表现力加分。例如，对于严肃正统的内容，在色彩和表现手法上就不能太"花哨"，中规中矩是最适合的；对于大型文娱活动等的报道，在视觉设计上就可以活泼、热闹一些，以此来烘托气氛、营造氛围，这时运用一些绚丽的色彩和特效等表现手法就是合适的。

（二）视觉形象僵化，缺少新意

虽然不能一味地追求视觉效果，但是也要避免视觉形象的僵化和固定套路，每一个网络新闻媒体的从业者都应该做好两者的平衡。不能否认，统一的形象对一个新闻网站至关重要，可以让浏览者一看便知这是哪个网站的报道，但是也有很多新闻网站在做专题报道

时运用同一个模板，仅仅是替换不同的图片和文字，像流水线上的产品。网络媒体之所以区别于传统广播、电视和纸媒，就是因为它的"新鲜"，不仅新闻更新迅速，表现形式也要"新"。

对策：这就要求新闻网站在编排新闻专题或页面时，要为不同的新闻报道内容设计适合于它们的富有个性化的专题或页面。要根据新闻的性质和内容在视觉设计上多尝试、多研究。可尝试与传统媒体在表现形式上融合，如借鉴报纸、杂志或海报的表现形式；可尝试与新媒体融合，如借鉴"两微一端"的表现形式等。

（三）可读性差，忽略用户体验

在新媒体语境下，网络媒体的新闻编发更注重时效性和各种形式的"吸睛"，在这种快餐式和炫目式的"新"编发状态下，对用户体验的思考和设计就难免缺失，导致部分新闻网站的可读性差，给浏览者不舒服的感觉。具体表现为：文不对图、图不达意，该突出的文字被背景图遮盖、该看清楚的图片模糊不清，色彩过于丰富导致视觉疲劳，功能按钮的引导不当等。

对策：如果单独研究用户体验如何运用在网络新闻媒体的视觉传达中，在目前情况下有些困难，但是最基本的用户体验要顾及。至少要保证用户在浏览网页时看着舒服，对浏览的顺序用线条、色彩等加以引导，对功能按钮加强设计便于引导点击。

（四）校对缺失，常出错

在新媒体语境下，网络新闻媒体常因"快"出错，有别于传统媒体在新闻播发前的反复校对、多级审核，网络新闻媒体出现页面设计制作不得体，错字、"白"字，图片运用不当等情况经常发生。

对策：首先要完善网络新闻媒体的多级编审制度，不能一人"既编又审又发"，多了审核和把关的人，出错自然可以减少或避免。

其次，目前网络新闻媒体的从业者还存在整体素质和业务水平不高的情况，人员流动性大，入职门槛低，"杂牌军"的情况比比皆是，网络新闻媒体区别于一般网络主体，"新闻"和"媒体"有其严肃性和特殊性，所以，在选人、用人、业务能力培养等方面多下功夫，从根源上就可以减少和避免出错。

（五）"传统"网络新闻媒体与新平台新端口对接仍有不足。

在新媒体语境下，网络新闻媒体也有了它"传统"的一面，相对于"两微一端"的"新"，网络新闻媒体在时效性和视觉传达形式上又有了差距，因此，网络新闻媒体要借新媒体的"力"，运用好新媒体这块"新"阵地。

对策：网络新闻媒体要积极地运用"两微一端"等新媒体，在视觉设计上要由互联网思维转换为新媒体思维，力求在设计上适应新媒体的传播形式，将新闻制作成适于在新媒体上传播的形式，与网站同时播发，这是网络新闻媒体必然的出路和方向。

在新媒体语境下，网络新闻媒体的视觉传达具有了超越以往任何时代传媒表达方式的丰富性和自由度，以最广泛的融合手段向新闻受众提供全方位、立体化的真实新闻资讯内容。这种新兴的视觉传达手法改变了传统新闻传播将受众置于被动接受的客体地位，在最大程度还原事实真相的同时给予了受众应有的尊重，使受众既拥有了对新闻的选择权，又获得了独立思考的空间。与此同时，也促使网络新闻媒体自身的创新和不断发展，以适应新的媒体大环境，在视觉传达方面为网络新闻的传播着色、添彩。

第七节　新媒体时代视觉传达专业标志设计课程的创新与发展

随着科技和网络技术的快速发展，当今社会的信息媒介也发生了很大的变化。新媒体作为一种新兴的信息媒介，它给传统的视觉传达专业标志设计课程教学带来了诸多影响，下面就这些影响进行简单的介绍和分析。

一、新媒体时代给视觉传达专业标志设计课程教学带来的影响

传统的以视觉传达设计专业技术为基础的标志设计课程受限于时代的束缚和限制，教学课程缺乏创新性和互动性，然而在新媒体时代，凭借新媒体互联网技术，传统的标志设计课程有了很大的转变和进步，其中，主要包括下面三个层面的影响。

（1）有助于革新技术。传统的标志设计课程主要围绕相对陈旧的点、线、面要素进行一步到位的设计原则解释和理念展开，但是随着新媒体时代的到来，高科技多媒体技术就能够很好地驱动标志设计课程的创新与发展。一方面，这些新媒体技术可以提高当前视觉传达专业标志设计课程教学的效率和质量，在教学内容上不断地完善和丰富；另一方面，全新的教学媒介和手段，驱动和革新了当前标志设计课程的教学局面，从而为它的创新和发展提供保障。

（2）推动传播媒介的变更。随着新媒体时代的到来，传统的视觉传达专业的标志设计传播媒介也会发生较大的变化。因为传统的标志信息设计和创作媒介相对新媒体来说存在较大的劣势，为了提高标志设计课程的创新能力和适应当今社会的发展需求，新媒体适时地出现就很好地解决了这一问题，其中，新媒体带来的一个变化就是，很大程度上推动了传统媒介的转型，加快了视觉传达专业标志设计课程的创新以及发展的节奏和速度。

（3）转换信息交流形式与渠道。在新媒体时代的大环境下，基于新媒体的全新语境，视觉传达设计过去被动的信息交流已经无法满足发展需求，新媒体的出现为传达设计专业的标志设计提供了新的转换信息交流形式与渠道。第一，新媒体技术为人们提供了许多令人惊叹的虚拟技术，这些都是传统媒体难以满足的；第二，新媒体也为视觉传达设计提供

了全新的途径，它能够使学生在标志设计课程学习的过程中提高对于标志设计的认知程度和对于标志设计课程创新与发展的重视程度，这些都是转换信息交流形式与渠道的具体表现。

二、新媒体时代视觉传达专业标志设计课程的创新与发展路径

（1）改革标志设计可行性操作机制，优化标志设计课程教学机制与策略。在新媒体时代，视觉传达设计专业标志设计课程要想取得创新和发展，那么对于改革标志设计的可行性操作的研究以及优化其教学课程机制与策略就显得尤为重要。首先，我们可以将目前与标志设计密切相关的字体设计、导向设计和展示陈列设计等类似的课程融入标志设计的教学课程范畴以内，这样就可以使视觉传达设计专业的学生能够有更加充足的时间和精力进行专业课程的学习和了解。当然这是改革标志设计可行性操作机制的第一步，也是最为重要的一步；其次，高校需要将这些密切相关的课程和标志设计理论课程进行有机结合，从而更好地拓展学生的理论知识面和视野。

在优化标志设计课程教学机制和策略的过程中，我们需要丰富课程的内容和充实课程的容量。第一，在标志设计的课程内容上，我们可以将新媒体时代的互联网教学技术运用到实际教学过程中来，使更多的视觉传达设计专业的学生了解企业相关的课题含量和需求，这样能够在有效丰富课程的内容同时提高学生的学习兴趣。第二，将标志设计课程和有关的标志设计作品大赛紧密关联起来，使学生通过参与大赛，把在课程教学中学习和了解到的知识应用于实践，这对于开阔学生的视野，提高他们的实践能力是大有裨益的。另外，从大的层面来看，这有利于整个标志设计教学课程的长久发展。第三，让教师把一些社会实践性强的标志设计任务项目引入课程教学中，以此加强学生的团队协作能力和自主创新能力，这对于创新和拓展标志设计课程是有积极作用的。

（2）创新标志作品的展示形式和空间，提升学生对标志设计课程创新重视的程度。在新媒体时代背景下，视觉传达专业标志设计课程需要把作品的展览效果融入整体创作体系中来。这就需要教师的积极引导和讲解。因为标志设计不同于一般的艺术设计，它更需要一种创新和良好的展示形式与空间来进行表达，这就需要相关专业的学生能够全身心地投入到标志设计的学习和实践中来。在这个过程中，教师需要多多地给予学生意见和指导，自己以合作者的身份积极参与到标志设计课程的教学与创新发展事业中。教师需要将标志设计作品的展示媒介和发展趋势都向学生讲解清楚，其次，对于标志设计作品的二维到三维空间的转变和交变模式的原理，也是需要讲解清楚的，这样才能让学生全方位地了解和学习标志设计的知识和背景。

当然，学生对于标志设计课程创新的重视程度一直都是需要加强和提升的，所以，我们的高校和教师就需要在这些层面投入更多的时间和精力。在当前的新媒体信息时代，标志设计越来越和社会的新领域挂钩，这是当前标志设计行业的发展趋势和规律。我们需要

依照社会的发展需求，使学生明白标志设计的理论知识和设计技术与思路的重要性，这样他们才能摆正对于标志设计课程创新学习的态度和意识，这对于整个标志设计课程的长远发展也是有推动作用的。

（3）完善标志设计课程的评价体系，拓展标志设计课程的理论教学环节。对于任何一门课程来说，它的教学质量和创新发展情况都是需要依据一套完善的课程评价体系来进行考核评估的。现阶段标志设计课程的评价体系还存在诸多不足，有必要不断完善。例如：增加了对课堂提问的应变能力、标志设计方案的表述能力、作业任务书的制作效果等内容的考核。在新媒体时代下，只有这样丰富标志设计课程的考核方式和内容，高校视觉传达设计专业的学生才能更积极地参与到标志设计的课堂学习中，从而对课程的教学质量提升与创新发展起到推动的作用。

我们在进一步完善标志设计课程评价考核体系的基础之上，同时需要进一步拓展标志设计课程的理论教学环节，这样才能促进课程教学与创新的长久发展。具体来说，就是将标志设计延续到后续的毕业设计实践中。只有将标志设计课程的实践环节引入标志设计的理论教学课堂上来，才能使学生具备理论结合实践的能力，而不是简单地只会遐想，却设计不出社会需要的标志作品来。当然，我们在拓展标志设计课程的理论教学环节时，还需要结合新媒体时代的教育教学背景，将现代先进的多媒体教学技术引入到标志设计的理论教学课堂之中，这样才能够在一定程度上拓展和丰富整个理论教学环节的内容。

第六章　计算机视觉技术的实践应用研究

第一节　计算机视觉技术在图书馆工作中的应用

根据相关资料可知，计算机视觉技术是一种现代化的信息技术，是通过计算机对人、生物等的视觉系统进行模拟，以"感知"不同事物的变化、具体情况等。因此，在我国图书馆事业现代化发展的新形势下，合理应用计算机视觉，不但可以提高图书馆管理工作效率，还能全方位地监控图书馆的运行情况，最终为读者提供更优质的服务，是保证图书馆图书安全、读者人身安全等的重要途径之一。本节就计算机视觉在图书馆中的应用进行分析与探讨，以促进其在更多领域中广泛应用。

从整体上来说，想要获取各种信息，首先要通过视觉来搜集，因此，通过计算机的方式，对客观世界的三维场景进行识别，需要结合生物学、数学、光学等多种学科的知识，才能达到较好的效果。所以，在图书馆中应用计算机视觉，可以通过微波、红外线等，长时间地检测各种情况，并且不会给被检测物造成伤害，是我国图书馆可持续发展的重要保障之一。

一、计算机视觉在图书馆中应用的关键点

在信息化社会中，硬件技术的广泛应用，集成化生产方式的推出，可以大大降低各种产品的生产成本，从而减少硬件问题给各种工作带来的困扰。在这种情况下，计算机视觉在图书馆中的应用，对于开辟全新的图书馆事业天地有着极大意义，而图书馆中各种书籍、资料的价值也能得到最有效利用。总之，当前计算机视觉在图书馆中的合理应用，需要注意的关键点有如下几个方面：

（一）循序渐进的推广与应用

随着经济全球化发展、图书馆工作的有序开展，对信息技术、先进设备等有了更高要求，是图书馆数字化发展的重要需求。因此，在图书馆不断运用自动化技术、推进数字资源转化的大环境下，计算机视觉的合理应用，应循序渐进地推广，让工作人员、读者体会到其带来的便利性、益处，才能被工作人员、读者接受，以及快速地转变他们的思想观念

等，对于促进我国图书馆事业更快、更好地发展有着极大作用。

（二）提升工作人员专业水平

在图书馆各项工作中，计算机视觉是一种输入敏感方式，在利用计算机的基础上，代替人力的视觉进行各种数据信息的处理，并对各种事物进行观察和理解，从而像人类的大脑一样完成各项工作。所以，计算机视觉具有一定自主工作能力、自主适应环境的能力，需要图书馆工作人员具备较高的工作能力，注重自身专业水平提升，才能更好地完成现代图书馆的各项工作。当前，为了更好地做好图书馆的各项工作，计算机视觉技术涉及的各种软件也在进一步研发，以便其更加简化、实用。

（三）与图书馆业务工作相契合

在图书馆业务工作中，计算机视觉的应用，可以进一步简化其工作程序、优化资源配置，为读者提供各种便利，并提高工作人员的工作效率、工作质量，最终减轻工作人员的工作压力。所以，想要更全面地应用计算机视觉，需要与图书馆业务工作相契合，找到更多契合点，才能真正被大众接受，并广泛地推广与使用。

（四）提高读者认识和素质水平

图书馆的现代化发展，需要利用信息技术做支撑，以提升其自动化水平，从而进一步提高图书馆工作质量、工作水平。当前，计算机视觉的应用，主要是通过生物特征的方式进行识别，如门禁系统的使用，是在计数功能与监控可充消磁条相结合的基础上，以达到识别、认定目的。如果读者将这些生物特征去掉，则门禁系统无法发挥有效作用。因此，在计算机视觉逐步推广的情况下，需要注重读者对其认识的提高以及读者素质水平的提高，才能更好地保障图书馆安全管理效用。与此同时，读者要严格遵守图书馆的各种规章制度，具备较高的公德意识，才能为计算机视觉的进一步推广提供大力支持。

二、计算机视觉在图书馆中的主要应用分析

（一）光线调节方面

在图书馆中阅读各种书籍、资料，需要依靠光线才能完成，特别是背阴的角落，必须对日光进行有效控制，才能保证读者能够获得充足的光线以构建良好的阅读环境。所以，图书馆中的各项服务工作，可以通过计算机视觉技术的合理运用，即对光线进行合理调节，如光线呈现出的不同色彩，可以对阅读环境进行修饰，从而产生各种独特的艺术氛围；对物体的三维立体感进行呈现时，通过计算机视觉展现光的明暗程度、强弱程度，物体的形象更加生动、完美，从而给人以空间层次感，等等。

与日光的控制相比，人工照明的作用也非常重要，如在某些光线不足的区域，利用人工照明制造对应的气氛，通过计算机视觉的方式自动调节光线，可以增强读者的安全感，

并使阅读环境更加舒适。所以，在图书馆室内设计中，设计人员需要注重计算机视觉的应用，从视觉角度对各种书架、灯饰、人工照明方式等进行综合考虑，以提高读者的阅读质量，提升图书馆的服务质量和现代化水平。

（二）剔旧各种书刊

对图书馆的各项工作进行分析可知，剔旧是非常重要的工作内容之一，与图书馆实践研究、专业理论研究等多种课堂有着直接联系，因此，剔旧各种书刊时，需要遵循相关原则，并选择最正确的剔旧方法。通常情况下，文献资料如果被剔旧处理，则其存在的时间已经相当长，利用价值已经不高。所以，这些文献资料具有的表象特征是：第一，有很多灰尘；第二，书页颜色呈黄色；第三，书刊的封面已经破损严重；等等。在以往的工作中，剔旧各种书刊是采用人工方式，需要图书馆的工作人员亲自到库房进行书刊的筛选，因而，花费的时间较长、工作量非常大，并且，很容易出现遗漏问题。所以，通过运用计算机视觉技术，对各种书刊进行剔旧，对其表象特征进行识别，可以减少图书馆工作人员的工作量、提高其工作效率，进而优化图书馆书库环境、阅读环境。

（三）管理工作队伍

在图书馆的日常工作中，工作人员的管理工作非常重要，是保证其服务质量、服务水平的关键因素。因此，在进行图书馆工作队伍的管理时，合理应用计算机视觉，可以大大地提升其整体素质、综合技能、专业水平等。通常工作人员的形象、工作态度、出勤等，是图书馆管理工作的重要内容之一，与图书馆发展有着直接联系。而图书馆实施的管理制度中，对人事考勤管理工作非常重视，也是每一个工作人员必须严格遵守的。例如：在图书馆的工作人员进行考勤时，利用基于计算机视觉技术、图像识别技术的设备，通过识别人脸、指纹、磁卡、虹膜等方式，可以准确地记录工作人员上班的时间、下班的时间，从而实现工作队伍的有效管理，对于杜绝虚假考勤、早退等有着极大作用，符合图书馆管理工作规范化发展的实际需求。

（四）修补各种古籍

在图书馆的不同位置，摆放和储存的书籍类型是不一样的，而珍本古籍的收藏是非常重要的一个方面，如图画、古书等，因此，提高图书馆服务工作质量，对于更好地保存这些古籍有着极大影响。一般情况下，古籍收藏的时间都很长，在空气污染、温度、光照、湿度等多种因素的影响下，其书页可能出现变化，如纸张变得酥脆、纸张颜色发黄等。与此同时，衣鱼（书虫）的出现，也是古籍遭到损坏的一个原因，所以，需要图书馆的工作人员进行古籍修补，才能确保其继续流传下去。

以往修补各种古籍时，需要图书馆的工作人员翻阅、检查，而在应用计算机视觉技术以后，各种古籍的内容都储存在计算机中，一旦需要修补，则可以通过电脑进行查阅，从而提高图书馆古籍的修补工作质量、工作效率。与此同时，古籍的灰尘较多，会给工作人员的身体健康造成一定伤害，在运用计算机视觉技术以后，他们不需要逐一对古籍进行翻查，而读者可以在计算机上直接阅读，对于延续古籍的作用、给后世提供参考等有着重要意义。

（五）监测管控工作

在我国图书馆事业不断发展的情况下，图书馆服务方法、服务模式也变得越来越多样化，而人性化服务是各项工作中非常重要的一个组成部分。根据相关调查可知，我国各种图书馆的藏书布局采用的方式都是书刊合一形式，而借阅方式是书刊资料全部对外开放的模式，因而，读者的总量较大，需要加强不同区域的监测管控，才能在为读者提供借阅便利的基础上，保证图书馆书刊的使用安全以及读者的阅读书籍时的安全。在这种情况下，书刊资料的管理、读者的进出管理，以及读者现场阅读书籍的管理，是当前图书馆日常工作需要重视的几个部分，而计算机视觉的应用，可以对读者进出图书馆时是否携带危险物品、是否携带书籍等进行检查。与此同时，在充分利用计算机视觉技术的基础上，图书馆可以实现如下几种监管模式：第一，读者说话声量；第二，书刊借阅情况；第三，书刊放回存放位置情况；等等。由此可见，在图书馆监测管控工作中，注重计算机视觉技术的科学运用，不但能提高读者的心理安全感，还能提高工作人员的工作效率，从而有效避免读者、工作人员之间出现误会与摩擦。

总之，计算机视觉的应用范围越来越广，如军事、医学、金融等多个领域，是各行业现代化发展的重要需求，有利于提升其智能水平、自动化水平。所以，计算机视觉在图书馆中的合理应用，对于优化图书馆日常工作程序，提高工作人员整体工作效率，保证图书馆整体安全都有着重要作用。

第二节　计算机视觉技术在工业领域中的应用

随着计算机技术的不断发展，计算机视觉技术也有了很大程度的提升。目前在工业领域内广泛使用的计算机视觉技术将很多复杂的工作变得简单化，让原本人工需要花费很多时间才可以完成的事情缩短在很短的时间内完成，这项技术可以把工业上大量存在的信息收集起来，然后提取可用于工业生产的数据。计算机视觉技术在经过了计算机技术的不断发展以及创新后，成为工业领域内的领先技术，因此，本节就对计算机视觉技术在工业领域中的应用进行分析。

以往工业领域内进行数据收集整理时，为了获得比较准确真实的数据所采用的比较传统的数据收集方式的工作量比较大、耗时较长，而且精确度不够高，然而，计算机视觉技术的出现很好地弥补了这些不足。计算机视觉技术中的检测技术，是应用比较前沿的技术，同时也是在工业应用中广泛使用的技术。目前随着信息技术的不断发展，计算机视觉技术已经成为计算机技术发展当中的重要内容，在工业领域内也有了大量的应用。这项技术主要是利用先进的高端数据处理技术进行数据收集整理，然后再提取有效的数据。这在很大程度上提升了工业领域信息采集效率。计算机视觉技术在进行信息收集时还可以对信息之间存在的关联等因素进行有效分析，这对于工业领域中的具体应用是很有益的，很大程度上推动了工业领域的发展。

一、计算机视觉技术的发展变化

计算机视觉技术突破了以往技术的弊端，在图像处理方面有了更进一步的更新，从以往的二进制图像处理技术逐渐转换为更高分辨率的图像转化技术，而且还将图像处理的分辨率进一步提高，可以让具体的工作内容更加简化，有效地解决图像质量问题。目前计算机视觉技术在国内的发展非常迅速，伴随着大量工业的发展，该视觉技术在工业领域内的涉及范围不断扩大，在工业领域的发展潜力不断提升，工业领域的生产工作效率也不断提高。从计算机技术的发展来看，这项高端视觉技术是计算机技术发展的新趋势，同时也是比较新的一门学科。计算机视觉技术经过科研人员的不断开发和进一步完善后，拥有了一定的优势，也在社会上得到了广泛的应用。与此同时，计算机视觉技术自身具备比较强的获取信息功能，而且所获取的信息量非常大，计算机视觉技术在这个优势上还具备有非接触性特点和远距离获取信息的特点，这样的优势使计算机视觉技术在工业领域甚至是社会当中有了比较广泛的应用，也积极参与到工业活动中，为工业发展做出了杰出的贡献。

二、计算机视觉技术的具体应用内容

计算机视觉技术在具体的应用过程中主要是把计算机当作人体的视觉，通过计算机去完成作为人体视觉系统所要做的工作。这项视觉技术还把计算机当作人体的大脑去检测分辨信息，分析真正所需要的信息，摒弃那些不需要的信息。目前随着经济的不断发展、社会的不断进步，人们的生活质量有了很大程度的提升，信息时代的来临使计算机技术深入到各家各户，使普通民众都感受到计算机信息收集技术带来的便利。当信息收集完成后，通过进一步的分析，得出有效的信息数据，这样就可以在很大程度上帮助工业领域内的工作人员减轻负担，提高数据收集处理效率，提高工作质量。目前随着信息时代的不断发展，信息技术、网络技术以及光电技术等都得到了全面发展。在信息化时代的发展中，计算机视觉技术也得到了飞速发展，主要利用视觉技术来充当人体视觉进行数据采集检测处理，将 CCD 技术高度应用到检测设备零件图像方面，还可以进一步对所采集的图像进行深层次处理。从总体来看，计算机视觉技术主要是依据人体视觉效果来进行图像采集，再进一步模拟动态的图像，这样就可以获得比较真实的图像，不断地实现三维图像以及物体运行的识别。通过将动态图像的模拟与实际所需检测的图像进行简单化的对比分析就能得出比较准确的数据，还能让原本工业领域内比较复杂的工作简化，工业生产效率也会有大幅提升，这对于目前我国工业领域的发展也有很大的帮助。

三、计算机视觉技术在工业领域的具体应用措施

（一）视觉检测技术的应用

目前计算机视觉技术的发展比较迅速，在工业领域中的应用使工业生产效率有了大幅提升，而且在工业领域内应用最广泛的技术主要是视觉检测技术。计算机视觉技术当中的视觉检测技术在具体的运行过程中必须要遵循的就是按步骤进行操作，不可以随意跳过某个步骤，否则容易导致检测结果出错。在具体的应用过程中，首先要利用传感器以及多个光源进行信息获取工作，因为在实际工作中主要是应用 256 度的灰度图像，所以，在进行图像采集过程中，要仔细按照操作步骤进行分析，收集所需图像。首先，在图像采集的过程中要充分考虑到图像输出格式，然后根据所需图像特征来分析处理，才能进一步提高图像获取的精确度，具体的检测结果也会比较准确；其次，要进行检测结果质量的提升，必须要对源图像进行提前处理，根据预处理技术所提供的条件，可以利用相配套的功能去实现检测结果质量提升；最后，通过建立一定的模版模型去检测物体的行为，这样能够获得比较真实的行为效果分析，还能得出一定的分配效果。最关键的一点是在输出时提前处理效果，在这整个过程中要对预测结果以及具体检测结果的一致性进行严格的把控，这也要求在具体的工作过程中提高对数据分析的精准度把握，这样才能提高实际检测效率和质量。

（二）图像预处理技术的应用

计算机视觉技术中比较关键的一项技术是图像预处理技术，这项技术可以提前对图像进行分析处理，并提取出符合具体要求的图像，所以，图像预处理技术能够减少一定的后期工作步骤。计算机视觉技术中的图像预处理技术主要是根据模版来匹配之前的一个重要环节，根据具体的模版去分析最终所需要的图像，根据图像输出分辨率来判断是否准确。与此同时，图像预处理技术主要是为了获取所需图像中的二值边缘化图像，再根据具体的要求进行图像处理，也可以提前对图像进行边缘化和二值化检测，然后再进一步提升图像处理效果。目前计算机视觉技术的图像预处理技术在经过一定的创新发展后，已经逐步发展成一阶段微分算子以及二阶段微分算子，在经过一阶段微分算子的图像提取，进行一定的分析检测后，再通过二阶段微分算子的零交叉来获取图像边缘宽度的像素，最重要的是图像的检测结果出来以后不用进一步细化，完全可以保证有效的边缘效果。经过这样详细的步骤所得到的结果比较准确，而且经过了比较细致的检测，所获的图像处理效果是精准化程度比较高的，这在目前的工业生产工作中占据了先进性优势。

（三）模版匹配技术的应用

计算机视觉处理技术中的模版匹配技术主要是根据预设模版与工业生产中所需要检测的物体进行匹配对比分析，所得出的结论能够很好地解决源物体自身所存在的问题，而且，能够很好地避免其他细小问题产生。计算机视觉技术中的模版匹配技术主要是用来分析模版与所检测物体之间的图形相似程度。这种检测技术能够根据预设的模版图像与所需要检测的物体图像之间的相似数来分析这两者之间的相似度。与此同时，在具体的检测过程中首先要做的就是对所要检测的物体进行预设模版，这样能够结合实际所要检测的图像与预设模版进行比对，找到其中的相似程度是怎样的，还可以分析出有何不同，最终根据所需要的数据得出最后的真实结果。计算机视觉技术的模版匹配技术还可以通过比较有效的技术进行平移或者是不断地旋转对预设模版和所检测的物体进行立体化、全方位的对比。通过一定的相似数值以及不断对比分析出来的结果就能帮助工业领域的工作人员尽快地进行数据核算。通过这样的模版匹配技术能够帮助工业领域的工作人员很好地分析判断数据的准确性，提高工作人员的直觉性处理效率，最关键的是这项技术还有比较强的抗干扰能力，不会受到其他因素的影响，这就在很大程度上提高了数据处理结果的精准性。

计算机视觉技术在工业领域当中的具体应用分析，必须要了解计算机视觉技术的基本概念，只有对该概念有详细和深入的了解，才能更好地进行研究。本节对计算机视觉技术的基本概念进行了阐述，并对计算机视觉技术在工业领域中的视觉检测技术、图像预处理技术以及模版匹配技术进行了具体的分析。通过本节的分析可以得出通过计算机视觉技术能够有效地获取、收集信息；能够对物体进行精准性分析和检测；能够分析不同物体之间的联系。所以，计算机视觉技术的应用极大地提高了工业生产效率，并推动了工业生产的不断创新和发展。

第三节　计算机视觉技术在纤维检验中的应用

计算机视觉技术在工业检测、物体识别等方面被广泛应用。计算机视觉技术应用于棉纺织行业纤维检测工作中，能有效地去除棉花中的异性纤维。本节主要分析了计算机视觉技术功能、计算机图像识别法的分析计算模式以及计算机视觉技术如何用于纤维种类鉴别。

棉纺织行业发展市场前景良好，棉纺织品市场需求量大，并作为重要出口商品。但在生产棉纺织品时，掺杂在棉花中异性纤维不易去除，严重影响了棉织品的质量，为解决这一限制棉纺织业发展的问题，在生产中通过使用计算机视觉技术并结合光谱分析，形成图像采集处理，能有效地去除棉花中异性纤维。

一、计算机视觉技术功能阐述

计算机视觉技术的使用需要组成计算机视觉系统，其中，组成设备包括照明装置、摄像机、图像处理软件以及计算机。其中，最主要的装置为照明系统，光源为后期图像采集提供照明，服务于后期的图像分析处理，光源是否合适直接决定了视觉系统的精确度以及能否得到高品质的图像。照相机用于图像采集和信息交换。在采集图像时，分为反射模式和投射模式，两种不同的接收光速影响到采集光谱数据的质量。目前棉花纤维检测中多使用反射模式，并通过计算机帧抓取器作为接口，将采集的图像信息转移到计算机，通过计算机技术对采集图像进行增强、分割、特征提取和分类等操作。

二、计算机图像识别法的分析计算模式

在棉花中进行纤维等级分类，能有效地区别棉花纤维和异性纤维。棉花异性纤维主要包括其他动物纤维毛发、编织袋丝等纤维。计算机视觉技术采用图像识别法，对采集的图像分析处理，对纤维等级进行分类。其中，图像分析时常用到以下的分析计算方式：第一，特征提取。这是通过搜索策略、评估函数和性能函数三方面开展的算法，从而区分棉花异性纤维的颜色、形状和纹理等特征并进行等级分类。第二，遗传算法。这种计算分析方式具有可以大规模使用的优势，通过对异性纤维特征选择进行随机化搜索，从而得出更小的最优特征子集用于等级分类。再次，使用蚁群算法。这是一种较为经典的搜索方法，具有应用效率高的优点，根据整体的特征集的区间变化避免局部收敛，从而较好地得到最优特征集的较小子集分类性能。第三，使用粒子群优化算法。这是一种应用较为简单的算法，通过使用粒子群优化算法能减少分类器训练步骤的数量和计算的复杂性，使纤维等级分类更具有准确性以及提升搜索效率。另外，使用多目标识别方法。这种算法是基于异性纤维在识别中具有复杂性和多样性的特点，对检测搜索特征涉及较少难以满足检测需求。因此，应基于纤维的颜色、面积、形状等特征设计组合特征的识别方式，使用这种识别方式能有效地提升纤维检测识别的质量。并且结合复杂的检测背景，相关研究人员提出了一种新型的皮棉中异性纤维特征快速提取算法。以上这些根据特征开展的异性纤维分析算法，都具有较大的片面性，很难适用于所有颜色、形状和纹理特征的异性纤维。为做好纤维等级分类工作，应加强相关研究的改进工作。

三、计算机视觉技术应用于纤维种类鉴别的模式

第一，在进行纤维种类鉴别操作时，应该以特征基团和纤维的内部结构作为参考因素，充分利用计算机视觉技术并整合光谱分析技术，这样就能结合纤维不同的光谱特征情况对其进行有效的鉴别。其中，具体可分析光谱变化的峰位、峰强度，进行特征峰的指认和归

属，能有效地将纤维进行区分。经过初步的区分之后，结合纤维样品中的谱图出现的特征吸收峰位置和强度对比分析系统图，运用计算机视觉技术即可实现对纤维种类的识别判定。这种纤维分类的方式较为快速便捷，并且在应用发展中，随着科技的提升，检测识别技术也进一步完善，可以结合模式识别原理对纤维分类开展研究。技术的发展有利于扩展纤维辨别的种类，可以区分化学成分相近的纤维，也可以用于分辨混合纤维。

第二，利用计算机视觉技术对纤维种类的图像进行分类，从而进行有效的鉴别。根据将图像中所有像素分类成有限数量的单个类的原理开展分类过程。目前常用的棉花异性纤维检测，结合图像处理分类方法有以下几种。首先，模糊聚类与神经网络。这种方式结合平方和、模糊聚类分析和人工神经网络等方法，能有效地针对叶类约 83% 到树皮类约 93% 开展精确性极高的纤维分类，并且，在进行棉花中异性纤维分类时，使用神经网络聚类开展异性纤维分类，具有准确性高的优势，但在进行训练网络时需要较多时间。其次，使用粗糙集方式。这是结合数学工具实施粗糙集理论的模糊概念，常用于不确定系统的分析。应用这种粗糙集理论异性纤维分类方法，在种类分辨中具有高达 90% 的精确度。最后，使用支持向量机。当检测的纤维样品用时过度拟合成为主要问题时，可以使用这种分类识别方式，使用支持向量机有利于避免过拟合。在应用中已经研发了几种 SVM 算法处理基于多类支持向量机的分类问题。相关实验人员基于投票的一对一支持向量机和基于有向无环图的一对一支持向量机都满足棉花异性纤维分类的精度要求，但基于决策树的一对多 MSVM 无法满足异性纤维在线计量对分类精度的要求。采用多种分类方法将棉花异性纤维分为不同的类别，总体精度超过 80%。但这种方式分类方法仍需进一步验证，并确定它是否可以用于某些或所有类型的异性纤维。

在棉花纤维中使用计算机视觉技术，通过图像采集和分析计算等方式，能有效地去除棉花异性纤维，但在发展中仍需要进行精确性的技术改进，如提升计算机图像处理的速度，从而提升检测的工作效率。对异性纤维类型的算法很难做到通用，并对透明的异性纤维检测仍存在困难，这些问题需要持续改进和完善。

第四节　计算机视觉技术在自动化中的应用

计算机视觉技术的基础是不断创新各种技术，如人工智能和数据处理。在生产过程中应用这些技术会提高产品设计和加工的质量和效率，在现代社会中，应用计算机视觉技术已成为影响人们日常生活和工作的一项不可或缺的重要形式，信息和通信技术的应用也将有助于提高人们对创新和生产控制的认识，并扩大其应用范围。

一、计算机视觉技术

（一）理念和工作原理

计算机视觉技术研究的主要重点是计算机的认知能力，主要是用计算机取代人的大脑，用摄像机取代人的眼睛，利用专业技术手段使计算机具有更完善的功能，展现更强的识别和判断能力以及最终以产品生产等取代人的能力，与未来技术发展原则有一些相似之处。随着社会的发展，信息和通信技术已成为一种更广泛和更重要的应用技术。计算机处理有二维平面和三维立体，主要包括图像、尺寸。计算机视觉技术的发展主要是通过创新和开发相关技术，如概率分析统计、图像处理。在操作过程中使用视觉计算机技术时，必须确保环境的光和温度符合有关要求，并确保通过高分辨率照相机收集和处理图像，将资料储存在网络中，并加以处理和传输，以便获得最原始的视觉信息，通过技术手段获取质量更好和效率更高的图像。相关系统将从某一既定时刻利用智能识别技术从图像中获取宝贵信息，并最终储存识别和使用所获得的信息。

（二）计算机视觉技术的价值

众所周知，在当今时代经济迅速和持续发展的背景下，信息技术的价值在于它的精确度和可靠性。特别是近年来新的计算机视觉技术与传统计算机中缺乏感官效应的技术不同，扫描仪图像分析程序得到了进一步加强，从而更好地识别和控制了卫星图像和数据。虽然计算机视觉技术是一种新的技术，但是它在诸如人工智能和计算机应用等重要领域发挥着重要作用，例如，模式识别和人脸识别。计算机视觉技术近年来已发展成为一系列广泛的学科，其中包括许多正在大力开发的人工智能技术、数字图像处理技术等，还会用到一些心理学的知识。计算机视觉技术已得到广泛应用，比较突出的是应用于农业机械化与自动化的设计，将计算机视觉技术图像处理技术作为基本要素，模拟人的直观原理，利用频谱有效地进行摄影，充分运用数字图像处理和实时图像分析技术，加上现有的人工情报技术，及时对所获图像和信息进行分析和反馈，有效地促进工业、农业的机械化和自动化发展。

二、在医学自动化中的应用

（一）识别药物、判断病情

在医疗领域，医疗自动化系统的应用一直致力于研究、开发新技术，在此期间计算机视觉技术的应用越来越频繁。如今医疗检查通常会使用 X 光，相应功能的履行需要计算机视觉技术的支持，帮助医生对病人的疾病有详细了解，并通过视觉信息做出更准确的判断。计算机视觉技术的使用使人们能够准确地检测药物包装，并通过传输装置将药物运送到特定地点。通过对有关数据进行分析和处理，使用高分辨率照相机传播药物信息，并将其传输到计算机系统，在过程中进行成像，可以自动识别不安全药物，并将其安置在隔离区，随着生产水平不断提高，也就能够进行更准确的药物选择。

（二）检测细胞形态和细胞计数

就颜色识别而言，检测并识别出细胞在血液的颜色，进而识别出白细胞或者是红细胞，在 RGB 图像中通过确定每个细胞的颜色来判定细胞的种类。通过像素形态学试验，以确定致癌细胞在血液细胞中是否存在。通过计算圆周率和最小尺寸与已知数据相比较，超过正常值被认为是致癌细胞。红细胞和白细胞的自动计数器主要使用电阻原理和光学扩散法，图像分析法实现异常细胞的单独识别，加上对病理学家诊断经验的充分应用，工作人员能够充分地利用计算机高视觉分辨率特性灵活地提取细胞特性，这大大提高了工作效率、证据的准确性和工作人员的个别案件分析能力。

三、在农业自动化中的应用

（一）田间作物的识别和鉴定

在播种过程中，农业机器人必须走在田间，替代从事复杂农业工作的农业工人，并尽量减少对农作物的影响。研究人员开发了一种数据分析技术，方法是传送实地图像，根据所获结果确定农业机器人和农作物之间的相对距离和位置。利用相应的数据处理来确定摄像中的相关视觉和颜色值，将其作为基本条件，处理作物图像以确定相应的极限值，从图像中心到边界点，通过选择两侧，以获得机器人和农业用地作物的位置。农业机器人在田间行走，有效地避免了人工种植和对经济作物造成的不必要损害。经过某种程度的试验性验证，已证明农业机器人是一项非常有效的措施，具有高度的准确性。

（二）农业作业中保护农作物

在田间为农作物喷洒农药的过程中，准确地熏蒸喷洒和施肥需要明确区分植物和杂草，以有效避免直接和间接的经济损失，防止农药滞留、长效喷洒造成的植物死亡，确保农药准确清理杂草。利用计算机视觉技术，通过数字图像传输区分农作物和杂草。计算机处理图像可以准确区分种子，并注意到农作物及杂草的种类。最大限度地提高实地业务的效率和准确性，为经济作物提供一个健康、舒适和有效的生长环境，最大限度地提高农业产量。

（三）农产品分类和加工的应用

就农产品分类而言，主要通过计算机化视觉系统对不同质量种子进行质量监测和无损分类，完成关于完整性的初步估计，种子的生长状况和预期质量是根据所分析的相关数据确定的，因此，可以对农产品进行预先分类。过去十年农产品的监测技术主要用于水果的质量监测和分类，研究人员通常使用"人工"转化为"自动收获"。"互联网 +"技术对农业生产的加速渗透不仅大大提高了农业部门生产的质量和效率，而且在促进国民经济进一步发展方面发挥着重要作用，并最终有助于经济增长。为工业经济的全面发展创造有利条件，也有助于有效解决农业技术和信息技术之间的不对称问题，为实现"精准农业"和"信息农业"的目标创造了有利条件。

四、在焊接自动化中的应用

（一）对自动焊接过程的控制

计算机自动化辅助焊接工艺可提高生产效率，并确保电子电气设备的质量。产品配置一个先进的计算机程序，参数的调整是科学合理的，以有效避免手动操作的不一致，对金属焊缝的质量控制特别有效。例如，哈尔滨理工大学从合并的角度对 TIG 焊接进行了深入研究，正面的熔池振动利用弧传感器测量熔池振荡的振幅，熔融控制是以振动特性为基础的。这种熔融槽振动方法在控制高合金钢和低排放钢焊接方面非常有效。精确控制焊接过程得益于计算机的高精度操作和高容量储存，特别是应用分散控制技术和神经网络，有利于促进熔透控制的飞速发展。

（二）CAPP 辅助焊接工艺设计

焊接是工业中最重要的材料成型方法之一，在航天、海事、建筑、化学、汽车、电力和微电子等领域广泛使用。最终产品的质量与焊接数量和产量直接相关，关系到质量保证和生产成本。传统的焊接工艺完全依靠劳动力，不仅造成大量的重复劳动和人力及物力资源的浪费，而且容易出现错误，影响产品的质量。美国从 20 世纪 80 年代开始，在焊接工艺的设计和管理中就开始使用计算机辅助焊接（CAPP）。目前，虽然 CAPP 研究在我国焊接领域的应用非常成功，造福了很多公司，CAPP 技术也广泛用于生产，但仍有不足之处，特别是互操作性低和系统只在特定单位运行、较低的一体化水平，难以与 CAD、CAM 和 MRP 整合，功能不完整，大多数 CAPP 系统只能处理简单的流程文件。

（三）模型仿真与数值分析

完成数值分析，建立数字模型和计算机模拟焊接过程是一种形成焊接、产生焊压变形和焊接缺陷的过程。精确分析热焊过程是提高焊接质量和消除焊接过程缺陷的一个必要选择。早期利用分析技术对焊接的热过程进行分析，需要使焊接源远离实际的热源，因此，只适合几何形状的简单焊接。哈尔滨理工大学在利用水力学方程分析焊槽的热处理过程中，全面分析熔液与罐体之间的相互作用，准确预测焊接罐的温度，取得了重大进展，总结熔化罐的形状和大小、压力分布中的残余压力控制和焊接疲劳扩大的原因，解决了平板铝合金焊接过程中的温度控制问题，迅速准确地预测和控制铝合金的分布和温度范围的变化，成功地将 TIG 焊接的物理过程与基于 ANISS 分析平台的计算模型和数字模拟结合起来。

五、在工业自动化中的应用

（一）测量部件精确度

计算机视觉技术在工业自动化领域也可以发挥有益的作用，例如，测量部件精确度的大小。主要由光学系统、加工系统和 CCD 照相机组成的计算机检测系统，使用的是通过光学来源发射的平行射线，通过显微镜投射到检测标本上。当系统收到信息时会进行相应的处理，以获得关于测量区域轮廓位置的准确信息。如果物体有轻微的移动，将重复操作测量，然后比较两种测量的位置差异，以有效避免错误。

（二）逆向工程获得三维轮廓图

计算机视觉技术可用于自动化领域的逆向工程，所谓逆向工程，是用 3D 数码器快速测量元素轮廓图的坐标，并绘制便于维护的剖面图。在 CAD 或 CAM 图像中，以供随后生产中心加工，并最终将这些数据用于生产产品规格的确定。深入分析表明，逆向工程最重要的环节是如何通过精确的测量系统测量样品的三维尺寸，然后根据产生数据，对曲线进行处理，并对产出品进行加工。测量的准确性可以通过使用线性光度测量技术来测量物体的表面轮廓。电脑检测和转换过程如下：使用激光穿过一组平行的等距宽带网格，或用一个直接干涉仪，制造一个平面条纹结构，投射到物体表面，根据物体表面的深度和曲线变化，以确保测量到的数据的准确性，进一步分析物体表面轮廓的变化，并将图像信号转化为及时的模拟信号，而这又反过来传送到图像处理系统，以获得最终需要的三维轮廓图。

随着科学和技术的发展，计算机视觉技术的出现是一个不可避免的趋势，它将带来更大的执行优势，在诸多领域得到更广泛的应用，提高产品生产效率。社会在不断变化，企业必须跟上世界经济的发展，不断地完善优化技术的应用，使计算机化视觉技术的应用更加具体，更好地为社会和个人提供人性化服务。

第五节　计算机视觉技术在食品品质检测中的应用

随着消费者对食品安全关注的增加，食品品质检测越来越重要。计算机视觉技术作为一种无损检测方法，具有快速、简便、制样少的优势，已广泛地应用于食品大小、形状、颜色、表面缺陷、新鲜度等品质检测。本节主要介绍国内外食品品质检测中计算机视觉技术的应用研究和发展状况。

食品在市场中流通，其品质是衡量其市场价值和影响消费者偏好的标准，品质的低劣会引起巨大的安全隐患和经济损失。因此，食品的识别、鉴定和分级在品质检测中是非常重要和必要的环节。

计算机视觉技术是一种新型的无损检测技术，相对于传统的人工检测，具有不破坏被检测样品、效率高、更经济的特点。随着计算机软件、硬件、图像处理技术的不断成熟与发展，计算机视觉技术在工业、商业、农业、制造业等领域有着广泛的应用。

一、外形尺寸识别

食品等级是对食品的外观、安全性、保质期等方面的严格规定和划分，国家对于食品的等级划分一般为四个级别：优等品、一等品、合格品和不合格品。不同等级需经相关主管部门评定确认，并获得各级颁发的食品证书。其中，食品的外形尺寸是食品分级的重要依据。

在尺寸及形状检测中，通常以面积、周长、长度和宽度等作为样品的特征参数，通过计算图像中目标样本区域的像素个数获取被测样本的特征参数。Heinemann 等对于蘑菇尺寸的检测，采用基于计算机视觉的自动化系统检测方法，其结果远优于人工检测方法，25个样本的自动化系统检测误差为 8% ~ 25%，而人工检测的误差为 14% ~ 46%。孔彦龙等提出了一种基于图像综合特征参数（质量、形状）的分选方法。利用计算机视觉技术提取马铃薯俯视图像的五个不变矩参数，并通过人工神经网络模型完成对马铃薯的形状分选，分选准确率高达 96%。里红杰等通过海产品的尺寸、形状、颜色、纹理等特征，结合预测模型，采用数字图像处理的方法实现海产品的分类及质量评估。赵静等利用计算机视觉技术提取果形的 6 个特征参数，通过人工神经网络对果形进行识别和分级。该方法是首次将参考形状分析法用于果形判别，分级准确率在 93% 以上，基本与人工分级结果持平。

二、颜色检测

颜色是食品的重要感官属性，人眼对于颜色的感知存在一段适合的阈值，长时间分辨会出现视疲劳。为了克服人眼的疲劳和差异，可以利用计算机视觉系统对食品颜色做出评价和判断。

留胚率是大米品质的一个重要指标。黄星奕等利用计算机视觉技术测定大米的留胚率，首次提出以饱和度 S 作为颜色特征参数进行胚芽和胚乳的识别，其检测结果与人工检测吻合率达 88% 以上。Tao 等基于计算机视觉技术通过色调直方图表示颜色特征并以此构建 HIS 彩色模型，该模型采用多变量识别技术区别好马铃薯与发芽马铃薯及黄色和绿色的苹果，正确率达 90% 以上。赵慧等建立一种对午餐肉样品物理特性要求较少，能对物料表面整体颜色进行准确测量的无损检测方法。采用计算机视觉系统对 24 色色彩测试板测得 L，a，b 值，使用色彩色差计对 24 色色彩测试板测得 L*，a*，b* 值，对两组数据进行线性回归，该测定方法可以准确测定午餐肉颜色，其效果可以代替色差计。

同样在烘焙食品的品质检测中，颜色是重要的检测指标。Mcconell 等提出利用计算机视觉技术检测面包或其他焙烤食品的颜色以控制食品的质量。朱铮涛等利用计算机视觉技术实现食品表面色泽、单元完整性、表面花纹清晰性及露馅等项目的检测，把图像的灰度均值、斑点面积和局部阈值分割结果等作为图像特征，最终实现各项目客观、定量、准确和快速的检测。

三、表面缺陷检测

食品在生产过程中会产生各种缺陷，给食品带来严重隐患。为了提高食品品质，利用计算机视觉技术对缺陷进行检测，具有检测精度高、漏检率低、系统稳定性能高等优点。

孙洪胜等基于计算机视觉技术提出了一种缺陷面积的新算法，实现了利用计算机视觉技术对苹果缺陷的快速、准确识别。王泽京利用计算机视觉技术对马铃薯自动检测分级做了研究，提出了利用 R、G、B 三个分量的标准差，对马铃薯暗色部分缺陷分割的方法和一种以欧氏距离为标准进行马铃薯绿皮检测分割的方法，缺陷马铃薯检测的准确率较高，达到 90%。杨祖彬等提出了一种改进的计算机视觉识别技术与图像融合算法，建立了脐橙表面损伤识别系统，试验结果表明，该方法加快了系统对于损伤定位的处理速度，检测达到了 10.5 个 /s。

禽蛋表面缺陷或损伤的自动检测一直是质量分级的难题。利用计算机视觉技术检测禽蛋表面缺陷可以很好地解决以往人工检测劳动强度大、人为误差大、工作效率低等缺点。欧阳静怡等利用计算机视觉系统获取鸡蛋表面图像，通过同态滤波、BET 算法、Fisher 等改进型图像处理技术，提取裂纹特征并判决，从而实现对鸡蛋表面裂纹的检测。研究结果表明，该技术对鸡蛋表面裂纹的检测准确率高达 98%。潘磊庆等创新了计算机视觉技术，将声学响应信息与其融合进行鸡蛋裂纹的检测，试验结果表明，准确率可达 98%。

四、的大小、重量检测

食品的大小、重量是食品分级的指标之一。冯斌等提出利用水果的大小对水果分级的一种方法。通过计算机视觉技术对水果图像的边缘进行检测，从而确定水果大小，实现水果分级。韩伟等通过对水果图像进行分割，提出了一种水果直径大小检测的快速算法，即计算各区域内水果的最大半径，进而得出果蔬的最大直径。改法与传统方法相比较，不仅降低了计算量而且提高了计算精度，具有很大的实际工业应用价值。王江枫等利用计算机视觉技术检测杧果的重量及果面损伤情况，建立了杧果重量与其投影图像的相互关系。通过模型试验研究表明，按重量分级其准确率均为 92% 以上，按果面损伤分级其准确率为 76% 以上。

五、内部品质检测

在食品品质检测过程中，很多情况下需要保证在不破坏被检测食品的情况下，应用一定的检测技术和分析方法对食品的内在品质加以测定，这就需要采用无损检测技术。无损检测技术是近年来发展起来的一项新技术，其中，综合利用图像处理与分析等相关方面的计算机视觉技术，具有检测速度快、信息量大等优点，在食品品质检测领域有着迅猛的发展。

韩仲志等提出了一种基于计算机视觉的花生品质分级检测方法。该方法分别从花生品质表征的三个方面提取和分析 54 个特征参数，分别采用神经网络和支持向量机建立识别模型，并加以比较。试验研究表明，使用支持向量机的非线性模型对花生规格和等级检测的正确率达到了 93%。辛华健设计了一种基于计算机视觉的杞果品质检测方法，拍摄杞果图像后利用自适应 Canny 算法获取目标区域的边缘，以大小、颜色和表面缺陷反映杞果的品质，并基于 BP 神经网络实现对杞果的分级。Pace 等对胡萝卜抗氧化活性（antioxidant activity，AA）与总酚（total phenols，TP）含量进行相关性研究。利用计算机视觉技术获取胡萝卜的颜色参数，并将颜色参数与两个指标关联建立多变量模型。通过模型，可以根据胡萝卜颜色值，成功地估计胡萝卜的 AA 和 TP 的含量。成熟度是食品品质指标之一，Wang 等建立了一个计算机视觉系统，通过透射和相互作用模式分别获取甜瓜断裂表面的图像，从而得到计算甜瓜的可食用率，采用偏最小二乘法（plsregress，PLS）建立了校准模型来预测甜瓜的成熟度指数，结果表明该方法可以很好地预测甜瓜的成熟度。

六、腐败变质检测

食品腐败变质是指食品受到各种内外因素的影响，造成其原有化学性质、物理性质或感官性状发生变质，降低或失去其营养价值和商品价值的过程。引起食品腐败变质的原因有很多，其中，微生物是最主要原因之一。近年来，随着计算机硬件和图像处理技术的快速发展，计算机视觉技术在食品腐败变质中微生物检测方面的应用也越来越广泛。

Bayraktar 等利用计算机视觉技术获取李斯特菌菌落中的形态特征，同时融合模式识别技术、光散射技术对图像进行分析处理从而实现对该菌的分类识别。Sanchis-Gomez 等利用计算机视觉技术检测了由青霉属真菌引起的柑橘类水果腐烂，采用人工神经网络数据处理方法，结果显示，检测正确率达到 98%。殷涌光等利用计算机视觉技术提取培养后溶液颜色的变化图像，从而建立颜色变化与食品中大肠杆菌含量的关系模型。试验研究证明，利用该模型判断待测液中大肠杆菌的数目较传统方法相比可以节省 6 天时间，大大提高了检测效率。

七、新鲜度检测

新鲜度是食品品质安全的一个重要衡量指标，检测和评价新鲜度是食品品质安全控制的关键环节，关系着消费者的切身利益。

冯甲一等开发了一套基于计算机视觉的叶类蔬菜新鲜度等级识别系统，以计算机视觉和模式识别理论为基础，获取在一定条件下背景为白色的叶类蔬菜图像，利用 MATLAB 软件对图像进行处理、分析，同时采用主成分分析、费歇尔判别相结合的方法，实现了特征提取和判别模型的构建。其中主成分分析将 13 个特征参数综合成 4 个新变量，构建的判别模型对样本总体的识别率达 84%。郑丽敏等基于计算机视觉技术，采用背向照明方式采集鸡蛋的透射图像得到鸡蛋的蛋黄和气室的图像信息，并根据图像特征建立数学模型来预测鸡蛋的新鲜度和贮藏期。Shi 等利用计算机视觉系统对 4℃贮藏罗非鱼的瞳孔和鳃部颜色参数进行提取，研究基于颜色参数的多元回归模型对挥发性盐基氮值（total volatile basic nitrogen，TVB-N）、活菌总数（total viable count，TVC）和硫代巴比妥酸（thiobarbituric acid，TBA）值进行预测，R_2 值达到 0.989 ~ 0.999，并采用图像算法生成 TVB-N、TVC 和 TBA 的可视化图，方便了新鲜度地检测。

八、食品中丙烯酰胺检测

丙烯酰胺是一种可能致癌物，广泛存在于各种食品中，如焙烤食品、油炸食品、煎烤食品和膨化食品等。丙烯酰胺检测方法对于准确评估其对人体危害十分必要，计算机视觉技术凭借测量精度高、信息量大、速度快等优点成为食品中丙烯酰胺便捷检测技术方法之一。

何鹏等设计了一套基于计算机视觉技术油炸马铃薯中丙烯酰胺含量的测定系统。该方法计算得到的丙烯酰胺含量与标准化学方法测定值之间的最大相对误差为 4.94%，表明该方法可行、准确。王成琳提出一种基于计算机视觉技术的熏烤肉中丙烯酰胺含量值的测定方法。分析检测得到的熏烤肉表面颜色值及其丙烯酰胺含量值，发现熏烤肉双表面 α 值与其丙烯酰胺含量值之间有很强的相关性，拟合出两者之间的线性回归方程。在测定熏烤肉中丙烯酰胺含量值时，将熏烤肉双表面颜色值 α 带入到已经建立好的线性回归方程中，即可求得熏烤肉中的丙烯酰胺含量值。该方法实现了准确快速、无损失测定熏烤肉中丙烯酰胺的含量。

计算机视觉融合了图像处理、模式识别以及人工智能等技术，随着计算机软硬件技术、图形图像处理技术的迅猛发展，该技术在食品品质检测方面得到了广泛应用。在计算机视觉研究领域，众多学者将此技术的研究分为三个层次：低层特征研究、中层语义特征表达和高层语义理解。通过以上综述可以发现，在食品品质检测领域中的计算机视觉技术多数关注的是内容单一的食品图像和简单的图像分割，属于该技术研究领域的前两个层次，即使如此，该技术在运用过程中，仍然存在较多的技术难题亟待解决。①检测性能受环境影响较大：现阶段的计算机视觉技术受环境制约较大，建立的配套数学模型一般适用于简单的环境，对于影响因素较多的环境其检测准确率将会降低。②检测指标有限：在检测食品单一指标或者分级标准为一个指标时，计算机视觉技术表现出理想效果，但对同一食品的多个指标或分级标准为多个指标时，检测分级效果较差。③检测兼容性差：食品分级对于检测模型的依赖性较强，现阶段计算机视觉技术对于单一种类的食品分级检测效果显著，如果食品种类发生变化则同一套系统和设备则很难实现检测。

为有效解决以上技术难题，近些年学者们提出了基于卷积神经网络的图像识别。这是计算机视觉与人工神经网络技术的融合，保证检测对象在不同环境下的最大程度识别。韩朋朋课题组采用基于卷积神经网络的计算机视觉技术，通过设计深层卷积神经网络模型和压缩嵌入式蔬菜网络模型，对不同摆放角度、不同光线强度和不同放置背景下的蔬菜进行图像识别。实验证明，蔬菜识别的准确性高达97%。廖恩红等运用基于卷积神经网络的计算机视觉技术，提出了一种新的食品图像识别模型China Food-CNN，实现了对食物的精准分类。

综上所述，可以看出国内外学者对计算机视觉技术在食品品质检测中的应用进行了大量的研究，有些是对食品单一指标的检测，有些是综合性能指标的检测。在此研究和应用过程中，既取得了较大的经济效益，也遇到了很多问题。在新的形势下，计算机视觉技术与人工神经网络、数学模型、微生物快速计量等高新技术相融合，探究该技术在高层次语义理解方面的应用，为食品品质检测发展提供技术支持。

参考文献

[1] 奥托·G.奥克威尔克，罗伯特·E.斯廷森，菲立普·R.威格.艺术基础：理论与实践（第9版）[M].北京：北京大学出版社，2009.

[2] 周至禹.设计基础教学[M].北京：北京大学出版社，2007.

[3] 玛乔里·艾略特·贝弗林.艺术设计概论[M].上海：上海人民美术出版社，2006.

[4] 王雪青，郑美京.三维设计基础[M].上海：上海人民美术出版社，2011.

[5] 吴民庆.论海报设计中的视觉传达艺术[J].包装工程，2013，34（16）：111-114.

[6] 金婕.论平面海报设计中的图形符号视觉传达[J].艺术科技，2013，26（5）：211.

[7] 布鲁斯·布朗，查理德·布坎南，卡尔·迪桑沃等.设计问题（第一辑）[M].北京：清华大学出版社，2013.

[8] 凯瑟琳·贝斯特.美国设计管理高级教程[M].上海：上海人民美术出版社，2008.

[9] 曹方.视觉传达设计原理[M].南京：江苏美术出版社，2014.

[10] 鲁道夫·阿恩海姆.艺术与视知觉[M].成都：四川人民出版社，1954.

[11] 廖军.视觉艺术心理[M].北京：中国纺织出版社，2001.

[12] 李洪海，石爽，李霞.交互界面设计[M].北京：化学工业出版社，2011.

[13] 叶强.概念设计[M].北京：中国建筑工业出版社，2012

[14] E.H.贡布里希.艺术与错觉[M].南宁：广西美术出版社，2012.

[15] 赵璐.UI点击愉悦：情感体验介入的界面编辑设计[M].北京：人民美术出版社，2015.

[16] 贾京鹏.界面设计[M].北京：中国青年出版社，2015.

[17] 杨岗，罗维亮.技术—艺术思维[M].西安：西北大学出版社，2010.

[18] 李四达.数字媒体艺术概论[M].北京：清华大学出版社，2012.

[19] 丁蕾.数字媒体环境下视觉传达设计专业综合实验课程创新研究[J].艺术与设计（理论），2012，09（10）：166-168.

[20] 黄荣梅.动态视觉传达设计在数字媒体中的应用及发展方向[J].四川职业技术学院学报，2015，07（02）：164-166.

[21] 蔡晓军.新媒体语境下视觉传达设计教育的发展趋势研究[J].新课程研究（中旬刊），2015，05（11）：89-90.

[22] 赫伯特·林丁格尔 . 乌尔姆设计——造物之道 [M]. 北京：中国建筑工业出版社，2011.

[23] 唐纳德·A. 诺曼 . 情感设计 [M]. 北京：电子工业出版社，2005.

[24] 邵璐 . 设计心理学 [M]. 西安：西安大学出版社，2005.